国家电网公司
电力科技著作出版项目

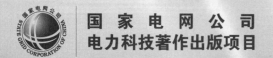

衍射时差法（TOFD）超声波检测

胡先龙　季昌国　刘建屏　等编著

中国电力出版社
CHINA ELECTRIC POWER PRESS

内 容 提 要

本书是国内第一本关于 TOFD 检测技术的专著，包含了作者近年来的理论研究成果、现场应用和缺陷处理案例，并融合了国内外最新研究成果。

本书全面深入地介绍了衍射时差理论、检测设备与换能器、专用软件构架、数据采集与处理系统、检测结果误差分析及数据分析，以及 TOFD 技术检测与监测缺陷的能力和方法等。书中还详细介绍了电力行业重要部件的 TOFD 检测技术实际应用案例。

本书既可供电力科研院所从事无损检测的相关研究人员和工程技术人员使用，也可供电力系统设备设计人员参考。

图书在版编目（CIP）数据

衍射时差法（TOFD）超声波检测/胡先龙等编著. —北京：中国电力出版社，2014.12（2023.7 重印）
ISBN 978-7-5123-6892-7

Ⅰ．①衍… Ⅱ．①胡… Ⅲ．①衍射方法—应用—超声检验 Ⅳ.
①TG115.28

中国版本图书馆 CIP 数据核字（2014）第 288758 号

中国电力出版社出版、发行
（北京市东城区北京站西街 19 号　100005　http://www.cepp.sgcc.com.cn）
三河市万龙印装有限公司印刷
各地新华书店经售

*

2014 年 12 月第一版　2023 年 7 月北京第三次印刷
787 毫米×1092 毫米　16 开本　9.75 印张　207 千字
印数 4001—4600 册　定价 **40.00** 元

本书编委会

主　　任　胡先龙

副 主 任　季昌国　刘建屏

编写人员　胡先龙　季昌国　刘建屏

　　　　　宿修平　毛良彦　陈君平

　　　　　王春水　马延会　牛晓光

　　　　　池永斌　田力男　罗为民

前　言

随着科技的发展，电力行业的技术水平不断提高，如发电设备向大容量（单机容量为 1000、1200MW 机组）、高参数（超临界、超超临界）发展，特高压电网、新能源建设也日新月异，大量的新材料和新工艺被广泛使用。这就对电力设备的质量提出了越来越高的要求，单纯依靠常规无损检测方法来检测和评定电力设备中可能存在的缺陷就难以为继。而衍射时差法（TOFD）检测技术具有缺陷定量精度高、缺陷检出率高、可替代射线进行检测等诸多优点，因此，TOFD 检测技术在电力工业中正逐步被采用。

本书对 TOFD 技术进行了系统的研究和专业阐述，全书共分六章，首先阐述了 TOFD 的理论基础，其次对数据采集系统、软件原理、误差分析、检测结果数据分析和缺陷的监测方法展开了研究和论述，最后还介绍了 TOFD 技术在电力行业中的应用实例。书中的理论和方法可以提高我国电力等行业在无损检测领域中的技术水平，实现对缺陷的精确定量和监测。同时，应用该项技术所得到的缺陷数据还可为断裂力学计算，设备寿命评估提供重要的依据，为电网、火力水力发电、风电光伏等新能源的安全发展及稳定运行发挥重要的作用。

本书作者长期从事电力行业无损检测评价、寿命评估研究工作，既具有深厚的理论基础，又具有丰富的实践经验，对缺陷的检验与监测具有深刻的见解。编写组的大多数成员为 DL/T 1317—2014《火力发电厂焊接接头超声衍射时差检测技术规程》的起草人，本书被列入 2012 年国家电网科技著作出版计划。

本书在编写过程中，由于时间仓促和编著者的水平与经历有限，不妥之处在所难免，恳请读者批评指正。

编　者

2014 年 10 月

目　录

绪　　论

一、概述

电力、石油、化工、机械等工业设备部件或焊接接头中存在的缺陷直接威胁着设备的安全运行，通过各类无损检测手段实时检测出这些缺陷并进行评价具有十分重要的意义。常规无损检测技术主要有磁粉检测、渗透检测、涡流检测、射线检测及超声波检测，各种检测方法及主要检测能力见表 0-1。

表 0-1　　　　　　　　　常规无损检测方法及主要检测能力

检测方法	主要检测能力	能否确定缺陷在壁厚方向上的尺寸
磁粉检测	能够检测铁磁性材料表面及近表面缺陷	不能
渗透检测	能检测部件表面开口缺陷	不能
涡流检测	能够检测导电材料表面及近表面缺陷	不能
射线检测	能够检测表面及内部缺陷	不能
超声波检测	能够检测表面及内部缺陷	能，但常规超声波定量精度不高

由表 0-1 可知，超声波检测技术既可检测有无缺陷，也可测量缺陷尺寸，因此得到了广泛的应用。

常规超声波检测技术是利用超声波传播过程中遇到缺陷时波的反射、散射等特征进行缺陷的检测和定量，其中一般采用脉冲回波幅度进行定量。

如果从工件不连续处（工件外形或结构的任何间断）反射回来的波束到达探头晶片，使晶片振动并转换成电信号，那么金属中的反射体就会被检测到。为了使超声波能够被接收到，波束应该以适当的角度入射到反射体上。如果相对于超声波束而言反射体表面是倾斜的，那么探头将接收不到反射波，无法检测出工件中的缺陷。当声束中心线与反射体垂直时，反射能量最强，即"镜面反射"。随着倾斜角度的增加，波束返回到晶片的强度快速下降，角度倾斜 5°将使波幅下降约 2 倍（6dB），而倾斜 10°将可能导致波幅完全消失。

在没有镜面反射的位置，返回的信号可能是裂纹表面的漫反射和裂纹边缘的衍射波。

衍射信号包含缺陷边界尖端的信息，可以用来精确地测定缺陷尺寸和评价工件的完整性。超声波衍射时差法就是以缺陷尖端衍射波的特性为其物理基础。

二、精确测量缺陷尺寸的必要性

如果工程结构中存在超过临界尺寸的裂纹，在承载时会以脆性断裂的方式迅速失效。

材料的抗脆断能力取决于材料表面和内部的裂纹临界状况。材料被拉伸时，能量储存在弹性变形中。如在加载后，材料中的裂纹尺寸增大，则此裂纹将略为张开，裂纹的两个面更加分开了。在裂纹后面的材料会得到松弛，其中储存的拉伸能量被释放。但是这个过程形成了新的裂纹表面——这是一种需要一定能量的过程。两种能量平衡后，可以得到理论临界裂纹尺寸 a_c 的关系式

$$a_c = \frac{2WE}{\pi\sigma^2} \tag{0-1}$$

式中　　a_c——理论临界裂纹尺寸，m；

　　　　W——材料的冲击韧度，J/m²；

　　　　E——拉伸弹性模量；

　　　　σ——外加的拉应力，N/m²。

对脆性材料如玻璃，W 的典型值是 6J/m²，脆性材料的临界裂纹尺寸很小；而塑性材料如钢或铝，W 值为 104～106J/m²。当实际载荷为 100MPa 时，对于无限宽和无限厚的平板，玻璃的临界裂纹尺寸为 27μm，钢的临界裂纹尺寸为 1.3m。对于实际部件来说，临界尺寸要小得多。临界裂纹是垂直于主应力方向上的缺陷，而临界裂纹尺寸通常是缺陷在壁厚方向的最大允许尺寸。因此，为确保结构的整体强度，对缺陷尺寸的精确测量是非常重要的。

传统的脉冲回波超声检测法可对缺陷进行定位，但定量精度较低。采用超声波衍射时差法（TOFD）可对缺陷自身高度进行精确测量，测量精度高于±1mm。

为了测量裂纹的扩展速度，必须精确测定缺陷的尺寸，图 0-1 显示了精确测量缺陷尺寸的重要性。图 0-1（a）、（b）给出了特定缺陷的预期寿命曲线，它们都估计出达到临界尺寸大约需要 1.5 年，图 0-1（a）给出了常规超声波测量裂纹高度的结果，由于在裂纹高度测量上面的误差，夸大了此裂纹的扩展危害，因此得出的预期寿命比真实寿命要短；图 0-1（b）给出了使用 TOFD 测量的结果，由于测量精度高，而测量的结果也说明了裂纹实际的扩展比预期的要慢，所以设备的使用寿命是比较长的。

精确的尺寸测量有利于减少伪缺陷的数量，如果检测到了密集型气孔，则要精确地测量它们的尺寸，而常规脉冲回波测量这样尺寸的能力是有限的，原因是常规脉冲回波在尺寸定量上存在很大的误差，实际测量的缺陷尺寸往往比其真实尺寸要大，这样就夸大了很多良性的缺陷。

从原理上可以看出，TOFD 的缺陷定量是很准确的，因此可以降低检测的误判率。

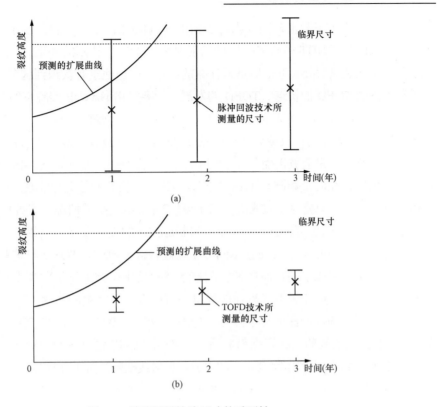

图 0-1　精确测量缺陷尺寸的重要性

（a）常规超声波测量结果；（b）TOFD 测量结果

三、衍射时差法（TOFD）的历史[1]

衍射时差技术的发展是因对缺陷进行断裂力学评价而提出的，因为用常规脉冲回波技术很难达到精确测量缺陷尺寸的要求。

在缺陷与工件异质界面处，除镜面反射外还有衍射波等其他信号存在，在缺陷的所有位置都可以进行测量，原因是：当将一障碍物置于光束路径中间时，一些光线通过衍射作用弯向阴影区。同样的效果也可以在水波中看到。将一粒石子投入平静的水中，波在水面上传播，当遇到障碍物时，水波就从障碍物的边缘反射，并且绕过障碍物端部产生衍射，此时就容易看到这种效果，因为与可见光相比，水波有较长的波长。同样的现象可发生在弹性波中，此时超声波波长为几毫米量级，其作用易于观察。K.G.Hall 在英国铁路工程局通过超声波穿过带有缺陷的玻璃块的实验，发现在一个入射纵波（纵波）与一个缺陷间有许多相互作用的一些情况，并且缺陷边缘将产生明显的衍射波。有经验的脉冲回波专业人员用这些边缘衍射波可得到精确的缺陷尺寸；但必须在一较大且可能变化的镜面反射信号背景下进行观察。

在检测镜面反射波的基础上，如果要依靠衍射波来进行缺陷尺寸测量，那么是不是可以设计一种技术，即直接针对衍射波，避开镜面反射进行检测呢？另外，时间测量的精度很高，如果用来测量缺陷，则可以精确地测量缺陷尺寸。这就是由 Maurice Silk 博士在 Harwell 国家 NDT 中心所发明的衍射时差（TOFD）技术的基础。虽然 Miller［1970］似乎是发表从裂纹尖处检测衍射信号证据的第一人，但他没有认识到这个信号的来源，因而错过了发明 TOFD 的机遇。TOFD 的发展，主要是由 Harwell 实验室的 Maurice Silk 及其同事进行的，从 1970 年起的 10 年中，从实验室的发现进展到复杂、全面的检测方法，已经可以对 1mm 厚的钢板或管子，以及 250mm 厚的压水反应堆（DWR）压力容器进行缺陷检测。TOFD 完全被接受是在 20 世纪 80 年代中期，尤其是在英国的石油和天然气行业，因为它们在海上和陆地上都要进行检测，出于经济利益的考虑，对于一些良性缺陷可不进行修复，只定期对缺陷进行精确测量并观察其扩展情况，必要时才进行处理。

20 世纪 90 年代，随着计算机技术和制造技术的飞速发展，世界各国相继研制出了以 B、C、D、P 等扫描方式为显示的数字化超声波检测仪。TOFD 与这些硬件系统相结合，就进一步发展成了超声波成像检测技术，该技术在欧美发达国家得到了迅速发展，尤其在海上石油工业和天然气行业的焊缝检查中发挥了重要的作用。1993 年，英国制定了世界上首个 TOFD 检测的标准规范，即 BS 7706—1993《超声波 TOFD 技术对缺陷检测、定位和定量的校验与设置指南》。不久，美国 ASME 也以案例的形式，即 ASME code case 2235-9《锅炉压力容器案例——超声波代替射线检验》对 TOFD 技术予以认可。目前，国外相关标准有 ASTM 2373—2004《TOFD 技术标准》、CEN/TS 14751—2004《焊接——焊缝检测中使用 TOFD 技术》、ENV 583-6—2000《无损检测之超声检测第六节，TOFD 是一种可以对缺陷定位及定量的方法》及 NEN 1822—2005《TOFD 检验验收规范》等。

进入 21 世纪，各种硬件和软件的更新换代有力地推动了 TOFD 技术的进一步发展，OMNI-Scan 检测系统、专用分析软件 Tomoview 及仿真软件 CIVA 就是其中的代表。

四、TOFD 技术在中国电力等行业的发展[1]

天津电力科学研究院于 1998 年从荷兰 KEMA 公司引进了一套 TOFD 设备及技术，2000 年东北电力科学研究院从加拿大 R/D 公司购入了 5700 多功能相控阵及 TOFD 检测装置。2001 年 12 月，电力行业首次在汕头进行了技术培训，2001～2006 年多家电力科学研究院进行了 TOFD 现场实际应用技术研究，将该技术应用于对汽包焊缝、主蒸汽管道缺陷的定量。2002 年，华北电力科学研究院与武汉中科创新技术股份有限公司签订联合进行 TOFD 检测设备研制的技术协议。2005 年 5 月，华北电力技术研究院与华北电力科学研究院、欧宁检测公司等单位在北京举办了电力行业首届 TOFD 及超声波相控阵检测技术研讨会。2006 年 7 月，电力工业无损检测考委会邀请英国专家 TIM 对来自全国 20 多家电力科学研究院的 30 名学员进行了深入的技术培训。

2006 年以后，TOFD 技术已逐步成为电力行业的常规检测技术，并于 2014 年发布了电力行业标准。根据被检部件表面状态不同，可采用栅格扫描法和线性扫描法。栅格 TOFD 扫描获取的信息更多而且更精确，而线性 TOFD 速度较快。对于汽包等焊接接头余高磨平的部件，可以使用栅格扫描。对于焊接接头余高未磨平的部件常使用线性扫描法。栅格扫描

是 *x-y* 平面内前后运动扫描（B 扫描）。线性扫描是平行于焊口的单一方向扫描（D 扫描）。

国内颁布的相关标准有：

（1）适用于电力行业标准 DL/T 1713—2014《火力发电厂焊接接头超声衍射时差检测技术规程》；

（2）适用于水电行业标准 DL/T 330—2010《水电水利工程金属结构及设备焊接接头衍射时差法超声检测》；

（3）适用于特种设备行业标准 NB/T 47013.10—2010《承压设备无损检测 衍射时差法超声检测》；

（4）修改采用 ENV 583-6：2000 的 GB/T 23902—2009《无损检测 超声检验 超声衍射声时技术检测和评价方法》。

五、TOFD 技术简介

当超声波传播过程中遇到缺陷时，在产生反射波的同时，在缺陷的边缘和尖端产生绕射波。这种绕射波在很宽的角度内发散，强度很弱。

TOFD 利用两个探头进行探伤，一个作为发射探头，另一个作为接收探头，探头间的距离称作探头间距（PCS）。TOFD 通常使用频率为 2～10MHz 的纵波探头，这是因为纵波传播速度比横波快，最先到达接收探头且纵波宜发生绕射，同时纵波的应用可以简化接收的波形和结果图形的解释。通常应用的纵波探头（角度为 45°、60°和 70°）也产生传播速度较慢的横波。横波也产生附加的绕射波，但附加的绕射波比纵波产生的绕射波晚到达接收探头。TOFD 技术原理见图 0-2。

最先到达接收探头的声波称为直通波（Lateral Wave，LW），直通波是沿被检试件表面传播的波，在没有缺陷的试件中，第二个到达接收探头的声波称为底面回波（Back Wall Echo，BWE），底面回波是从试件另一面反射的声波。

检测时，以横向波和底面回波作为参考，TOFD 系统具有很低的信噪比，很弱的超声波信号可以通过前置放大器进行放大处理。当试件中存在平面缺陷时，缺陷上端绕射波比下端绕射波先到达接收探头，并且这两个纵波信号位于横向波和底面回波之间，见图 0-2。因此，TOFD 系统不仅能够测量缺陷在壁厚方向的高度，而且能够测量缺陷的深度，采用灰阶度来显示图像。图 0-3 为 TOFD 技术典型应用。由图 0-2、图 0-3 可知，横向波和底面回波具有相反的相位，缺陷上下端的绕射波也同样具有相反的相位。这些特性是缺陷判定的一个辅助依据，因此 TOFD 采用未经检波处理的波形，如 RF（射频信号）波形。横向波与缺陷上端产生的绕射波的传播时间差和缺陷位置有关，缺陷上下端产生的绕射波的传播时间差与缺陷高度有关，因此，关于缺陷高度和缺陷位置的测量，都由接收到的声波信号的传播时间决定，与信号的波幅无关。

六、与 TOFD 相关的对缺陷进行定量的方法 [2]

TOFD 技术能检测及记录从缺陷端部产生的衍射信号，因此可发现缺陷并对缺陷定量，具体内容在后面各章节详细叙述。下面简要介绍与 TOFD 相关的对缺陷进行定量的方法，这些方法在许多情况下采用 TOFD 技术与其他方法结合组成双模式（或多模式）进行检测，主要有相对到达时间技术（RATT）、绝对到达时间技术（AATT）、波形转换技术及手工脉冲回波检测等。

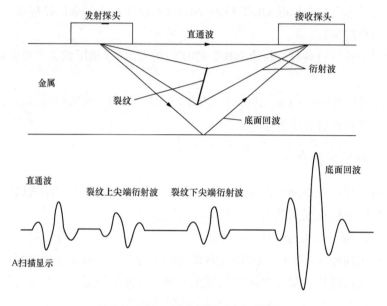

图 0-2　TOFD 技术原理（A 扫描图）

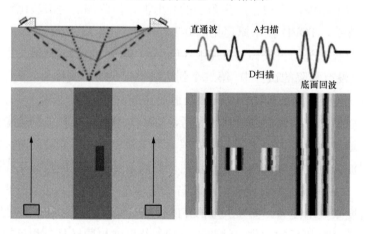

图 0-3　TOFD 技术典型应用

七、相对到达时间技术

当裂纹尺寸小于超声声束直径时，超声波探头在同一位置可同时获得裂纹端点衍射波和端角回波，如图 0-4 所示，利用端点衍射波和端角回波的声程差可计算裂纹高度，该方法称为相对到达时间技术（Relative Arrival Time Technique，RATT）。

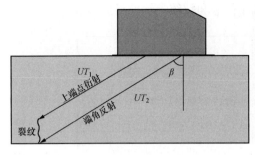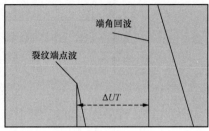

图 0-4　用端角和裂纹尖端的声程差计算裂纹高度

UT_1—裂纹上端点衍射波声程；UT_2—端角反射波声波；

ΔUT—端点波与端角回波声程差；β—折射角

裂纹高度 h 为

$$h = \Delta UT \times \cos \beta$$
$$\Delta UT = UT_2 - UT_1$$

（0-2）

　　如果超声声束有足够的扩散（较大的声程和折射角），则裂纹尖端可使声束直射到达和通过底面反射后到达的波均产生衍射波（见图 0-5）。直射到达裂纹尖端产生的衍射波与端角波相位相反，反射后到达裂纹尖端产生的衍射波信号相位则相同。采用裂纹端点衍射波与端角回波计算裂纹高度方法与图 0-4 相同，也可采用端角回波与反射后到达的衍射信号声程差进行计算。

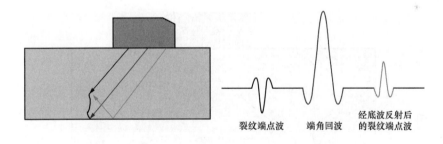

图 0-5　直射到达和底面反射到达裂纹尖端的射频信号

　　图 0-6 显示了裂纹高度系数与折射角的关系。由图可以看出，相对声程差 ΔUT 随着折射角的增大而缩小。在折射角比较"陡"时，如 30°～35°之间，两束衍射波抵达探头的时间拉得较开。

八、绝对到达时间技术（AATT）

绝对到达时间技术（AATT）有以下特点（见图 0-7）：

（1）裂纹高度可能比声束宽。

（2）需要移动探头和获取两个最佳角度以便准确读取声程。

（3）读取的是已经修正过的角度和声程。

（4）在缺陷区域手工移动探头检测端角信号和裂纹尖端的最大信号。

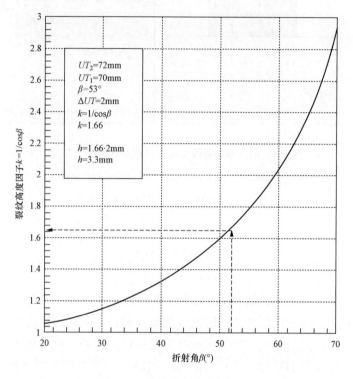

图 0-6　采用 RATT 的裂纹高度系数与探头折射角的关系

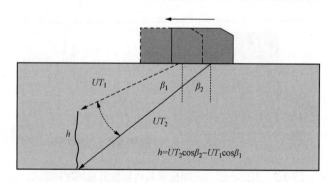

注：在相控阵超声波中，声束能以扇形扫描缺陷区域，从而可以计算出缺陷的高度（见图 0-8）。采用常规 B 扫描或栅格扫描能达到异曲同工的目的。

图 0-7　AATT 的裂纹高度测量原理

基于缺陷尖端回波技术可靠测量缺陷高度的能力依靠下列因素：合适的试件厚度、相控阵探头频率、衰减、频率带宽及被检材料本身的质量。

九、波形转换检测技术

基于波形转换（Mode-Converted，MC）的检测技术可用图 0-9～图 0-11 表示。图中可见多种波形转换。

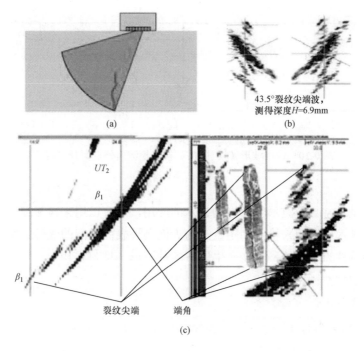

图 0-8　采用相控阵探头不动、声束扇形扫描的方式测定疲劳裂纹大小的 AATT 例子

（a）原理；（b）用反射波测得一个 7.1mm 深的裂纹；（c）测得 h=10.2mm 的一个裂纹时，H=9.9mm

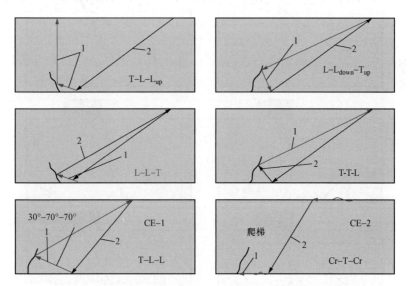

图 0-9　使用波形转换（MC）技术检测内表面开口裂纹

1—纵波；2—横波

T—横波；L—纵波；L_{up}—向上变形纵波；L_{down}—向下变形纵波；T_{up}—向上变形横波；

Cr—变形表面波；CE-1—第一平行回波；CE-2—第二平行回波

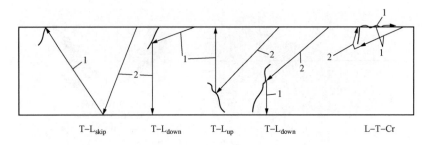

图 0-10　使用波形转换（MC）技术检测内外表面开口裂纹

1—纵波；2—横波

爬波技术是最常见的波形转换检测技术的应用，它可以用来检测或者验证内表面开口裂纹。这种技术可以用来检测和定量从内表面到外表面之间的线性缺陷。这种能力是以爬波探头的特性为基础的，它能产生以下各种波形（见图 0-12）：

（1）外表面爬波；

（2）折射 34°横波；

（3）折射 70°纵波；

（4）经波形转换的 31°横波；

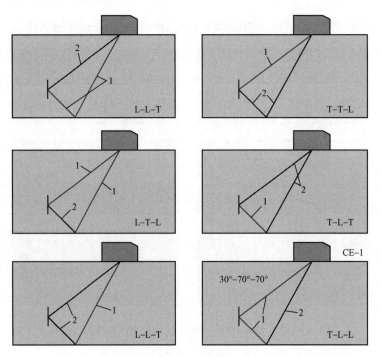

图 0-11　使用波形转换（MC）技术检测工件内部线性缺陷

1—纵波；2—横波；T—横波；L—纵波

（5）经波形转换的内表面爬波。爬波具有较短的表面传播深度（6～10mm），仅在 2～

3 倍波长厚度范围内发生，并且它还取决于平板/管子的平行度（±5°）。横波可能会在底面转换成 70°的纵波，并被垂直的缺陷以 70°的纵波反射回来。这种波形转换检测被称为"第一平行回波"（CE-1）。爬波检测/验证回波被称为"第二平行回波"（CE-2）。在纵波校准中它们的声程取决于厚度（见图 0-13）。

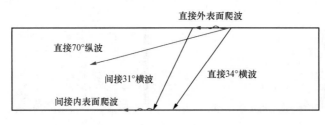

图 0-12　爬波探头产生的各种波形

55°～62°之间用纵波检测、波形转换技术验证可以结合起来应用（见图 0-14）。一对 L-L 纵波可以用来定量，而 CE-1 和 CE-2 的波幅可以用来确定缺陷高度。一个与下表面（有时指上表面）距离超过 4mm 的垂直缺陷只能反射回 L-L 纵波对和 CE-1。CE-1 的信号波幅与缺陷的高度有线性变化关系。然而，如果缺陷是倾斜的，则 CE-1 与其波幅不具有线性关系。

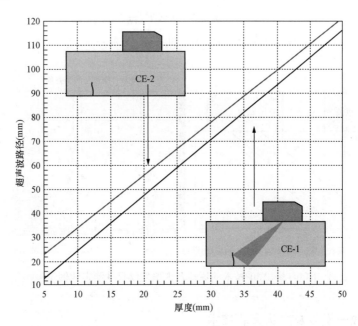

图 0-13　CE-1（30°-70°-70°）及 CE-2（爬波）的声程与厚度的依赖关系

另一种波形转换定量方法是Δ技术（见图 0-15）。Δ技术就是把 60°的横波与 0°的纵波结合起来。高度可由公式（0-3）计算，即

$$\mathrm{TOF}\Delta 60 = \frac{(t-h)}{v_{\mathrm{T}}[(1/\cos\beta)+(v_{\mathrm{T}}/v_{\mathrm{L}})]} \tag{0-3}$$

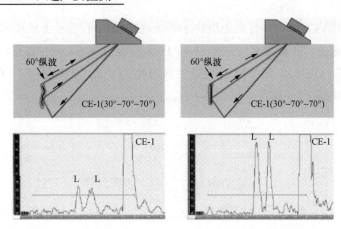

注：采用来自60°纵波探头的L-L纵波对、CE-1（30°-70°-70°）进行检测、验证和定量疲劳

裂纹左边=裂纹信号；右边=V形槽信号；缺陷到下表面距离=5mm；深度=11mm。

图 0-14　60°纵波对 L-L 检测技术

由于声束扩散，发射 60°的横波会接收到直接从裂纹尖端反射和经底面反射后再次从裂纹尖端反射回来的两个纵波，因此可以测定裂纹高度。对于钢，裂纹高度由式（0-4）给出

$$h_{\Delta 60T} = t - 0.8CRT_{TW} \tag{0-4}$$

其中　CRT_{TW} 是从屏幕读取的横波到达的时间。

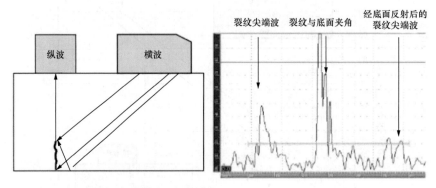

注意：裂纹尖端信号由底面反射波再次反射获得。

图 0-15　Δ60°技术的原理及内壁裂纹尺寸测定的例子

十、"一收一发"及探头串联技术

使用波形转换技术测定垂直裂纹时可能要用到针对不同深度区域的"一收一发"方法。相控阵技术是一种实现这种思想的理想的检测和定量工具，它能产生覆盖纵波和横波的多种角度，正好可以在垂直裂纹上发生波形转换（见图 0-16）。

波形转换技术对于检测厚平板以窄间隙对接的焊缝时非常有效。该焊缝常见缺陷是侧壁熔合区未熔合（见图 0-17）。

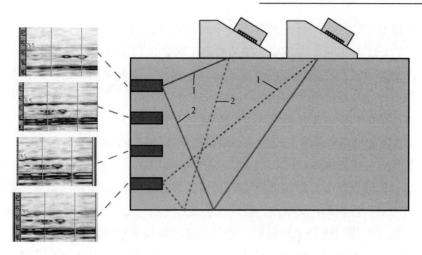

图 0-16　在 100mm 的试件中使用相控阵 "一收一发" 波形转换装置对四个垂直平底孔的检测

1—横波；2—纵波

　　传统的方法是使用 45°横波的 "串联" ［见图 0-17（b）］。串联技术在相控阵方式下也取得了非常好的效果。

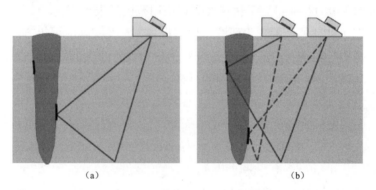

（a）　　　　　　　　　　　　　　　　（b）

图 0-17　使用单双（"一收一发"）探头波形转换技术检测窄间隙焊缝中侧壁未熔合

（a）单探头；（b）双探头

十一、TOFD 技术展望

从应用角度而言，TOFD 技术具有如下优点：

（1）不受缺陷走向的影响，缺陷检出率高，接近 100%，远远高于传统超声波 70%～80%的检出率。

（2）能实现对缺陷的快速检测，检测速度能提高一倍以上。

（3）相对于常规超声波的当量检测，TOFD 能实现缺陷的精确定量检测，其缺陷测高精度误差在 1mm 范围内，缺陷监测误差在 0.3mm 以内，同时可以测量缺陷在壁厚方向上的投影尺寸，为断裂力学评估提供依据。

（4）检测数据能成像，显示直观，便于对缺陷的识别与比对。

当然，TOFD 检测的本质还属于超声检测范畴，也仍然具有一定的局限性：

（1）由于直通波和底面回波所造成的盲区，工件上下两表面一定范围内的缺陷可能会被漏检。

（2）直通波的传播受工件几何形状和耦合状况影响较大。

（3）检测前的准备和设置耗时较多，缺陷的解读和图形的识别对技术人员要求较高。

大量的研究与实践表明，TOFD 技术已在部分检测领域实现了替代射线检测的能力，并被越来越多的项目接受。射线检测存在辐射危害，无法共同作业，影响工期。另外，射线底片只能一次性使用，成本高，底片显影过程中会产生大量污水，给环境造成污染。使用 TOFD 技术后将可避免上述问题，经济效益和环境效益非常可观。

电力技术的快速发展，对电力设备的安全稳定运行提出了越来越高的要求，对电力设备例如超超临界大机组高合金耐热钢管道、联箱、受热面管等，特高压钢管塔，风电塔筒及轴，水电机组压力钢管、蜗壳等部件的质量要求也越来越高，不仅需要检测出裂纹、腐蚀等各种缺陷，而且还要求对运行中暂时无法处理的缺陷进行精确定量和监测。由于衍射时差法（TOFD）超声波检测技术在缺陷检测和定量方面具有独到的优势。因此，TOFD 技术在电力行业得到了快速发展，应用范围越来越广泛。

随着我国在 TOFD 领域的理论研究、仪器设备制造及实际应用等方面水平的提高，该项技术将在电力行业得到更广泛的应用，将为电力设备的安全稳定运行提供技术依据，并可逐步替代射线检测，实现绿色检测的目标。

参考文献

[1] 田力男，胡先龙，等. TOFD 技术发展简史及在国内的应用现状. 火电机组建设质量控制技术论坛，2006.8.

[2] Olympus WDT. Introduction to Phased Array Ultrasonic Technology Application. Canada，April，2007.

第一章
衍射时差法的理论基础

　　本章重点阐述声波的衍射现象，侧重于声波的衍射能量在一个宽角度范围内的发射情况。与常规的脉冲回波法相比，TOFD 的优点之一就是有更高的缺陷检测和尺寸测量能力。本章阐述了 TOFD 技术测量缺陷尺寸的原理，讨论了测量精度问题，叙述了采用一个 TOFD 探头组跨越缺陷位置进行扫查时信号的重要特征，最后简要介绍了使用单探头时进行 TOFD 检测的方法。

第一节　各向同性均匀介质中的波

　　振动频率为 20～20000Hz 范围的声波称为超声波。超声波在固体介质中的传播与声音在空气中的传播类似，但是传播情况比在气体中更复杂。气体只能承受压缩力，不能承受剪切力，所以质点的位移总是平行于波的传播方向。这些波在一个周期内由交替的压缩和膨胀区组成。固体与气体和液体不同，可以承受剪切力，因此位移 μ 是一个矢量，不一定平行于波的传播方向。

　　下面重点讨论各向同性均质介质的情况。可以分为两种情况：

　　第一，质点位移平行于波的传播方向，称为纵波；第二，质点位移垂直于波的传播方向，称为横波（即剪切波）。在横波中，位移可以在垂直于传播方向的任何方向上发生，为方便分析，通常可分解为两个相互垂直的方向。这两个垂直的方向确定了横波的极性。在均质介质中，远离边界处，所有横波极性是相同的，但在介质间的边界处，波的性质要依据极性方向。因此，一般将随机极性的横波分解为与边界平面有关的两个相互垂直的分量。

　　横波又可分为垂直横波（SV 波）和水平横波（SH 波）。SV 波的质点位移平面垂直于包含传播方向的平面，SH 波的质点位移平面平行于包含传播方向的平面。纵波也被称为 P 波或主波，纵波波速大于横波，TOFD 技术使用纵波进行检测和研究。

一、基于弹性模量的波速

用符号 C_P 及 C_S 分别代表纵波和横波波速。在均质材料内，有两种不同的弹性模量，通常以 λ、μ 表示，称为 Lame 常数。波速与非均质材料的弹性模量有关，计算公式为

$$C_p = \frac{\lambda + 2\mu}{\rho} \qquad (1-1)$$

$$C_S = \sqrt{\frac{\mu}{\rho}} \qquad (1-2)$$

式中　ρ——密度。

其他弹性模量为杨氏弹性模量 E、泊松比 ν 和容积模量 K，它们与 Lame 常数的关系式为

$$E = \frac{\mu(3\lambda + 2\mu)}{\lambda + \mu} \qquad (1-3)$$

$$\upsilon = \frac{\lambda}{2(\lambda + \mu)} \qquad (1-4)$$

$$K = \lambda + \frac{2\mu}{3} \qquad (1-5)$$

只用波速 C_P、C_S 和密度 ρ 就可以表征均匀介质的特性。工程上常用材料的波速及密度见表 1-1。在超声波检测中，一般规定：频率单位为兆赫兹（MHz），波长和工件尺寸单位为毫米（mm），时间单位为微秒（μs）。

表 1-1　　　　　　　　　　　普通材料的波速和密度

材　　料	纵波波速 （mm/μs）	横波波速 （mm/μs）	相对密度
铝	6.42	3.04	2.70
黄铜	4.70	2.10	8.60
镍	5.89	3.22	8.97
钠	3.08	1.43	0.90
钢	5.90	3.20	7.90
钛	6.07	3.13	4.50
锌	4.20	2.40	7.10
氧化铝	13.20	6.40	4.00

续表

材　　料	纵波波速 （mm/μs）	横波波速 （mm/μs）	相对密度
赤铁矿	6.85	3.91	4.93
硫化镁	7.40	4.30	4.00
马氏体	7.50	3.10	7.80
硅	6.00	3.77	2.66
有机玻璃	2.68	1.10	1.18
聚乙烯	1.95	0.54	0.90
聚苯乙烯	2.35	1.12	1.06
甘油	1.92		1.26
冰	3.59	1.81	0.90
水	1.498		1.00

无损检测所应用的声波波幅很小，材料呈线弹性方式。在其他领域，波幅可能大到非线性，波的传播会更为复杂。

二、均匀介质中其他波的运动

前文提到的是存在于无限边界介质中的波，虽然指出了不同极性的横波只能在有基准面的情况下来定义，一旦存在这种基准面，在实践中总会引起各种复杂情况。第一种复杂情况是在一种自由表面上，没有应力，入射波是线性压缩或纯横波（SV），一般情况下，反射波中纵波和横波（SV）成分都有，这就是波形转换产生的变形波。

大部分波可以平行于平面界面传播。纵波平行于平面传播时并不满足其本身的无应力边界条件，而且还产生一个以临界面离开此表面传播的平行波。平行于表面传播的纵波称为平行波（在 TOFD 技术中，这种平行波称为直通波），也称为爬波。

第二种复杂情况是由于边界上可能出现其他波的运动。在无应力边界上产生的最重要的波是瑞利（Rayleigh），又称表面波，它是由 Lord Rayleigh 首先开展研究的。表面波被限制在表面区，其波幅随距表面的距离成指数规律衰减。表面波沿表面传播的速度与在材料内部波的传播速度不同。这个波速以 C_r 表示，计算公式为

$$C_r = C_s \frac{0.862 + 1.14v}{1 + v} \tag{1-6}$$

式中 v 是泊松比，钢中泊松比的取值为 $C_r \sim 0.92 C_s$，其中 C_s 是钢中横波声速。因为表面波只能在两维方向上传播，能量守恒定律要求波的振幅下降只能是 $1/\sqrt{r}$；而另外的情况是：从一个点源传入介质的体波能扩展至三维空间，所以其振幅下降为 $1/r$，式中 r 是离声源点的距离。在地质学中，它远离震中并携带了能量，所以表面波的破坏作用最大；在超声波无损检测中，由于在检测面或裂纹面上生成的表面波所引起的信号振幅高，在某种情况下可能与体波混淆。

第二节　波　的　衍　射

任何种类的波，如电磁波、空气中的声波、水表面波、固体中的弹性波等，当它们传播到材料不连续处时，都会在这个不连续处发生散射。衍射是由于这种不连续使得原始波前的一部分被阻挡或衰减的效应。但是，人们容易看到这个过程好像是在不连续处的边缘上发生散射，并准确地形成下一个波前的形状，似乎波是从这个点向外散射的。在这种方式中，原始能量能够在一个方向上的一个大角度范围内传播，如光通过小孔后会产生加强的环纹。衍射形成的能量可在大角度范围内重新分布，而在原来传播方向上能量减弱了。在光的衍射实验中，直边处的光波会在阴影区产生条纹图形。这说明边缘传播角上的能量是复杂的。在半无限平面裂纹边上平面 SH 波的衍射类似于光学情况，对纵波和 SV 波而言，情况更加复杂。因此，有必要对从边缘发射的衍射能量图形进行简化处理，但要注意超声能量在各个角度区域内的详细分布，以便分清什么区域会产生可用于检测的信号。

研究 TOFD 技术时，需要对弹性波的衍射进行数学分析。1953 年，Moue 首先开展了数学计算，Coffey 和 Chapman 于 1983 年继续进行了深入研究，以一种脉冲回波模型和串列检测为基础，用来对裂开的光滑平直裂纹进行检测。

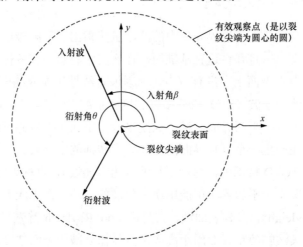

图 1-1　无限长直裂纹边缘衍射图形

图 1-1 所示为无限长直裂纹边缘衍射图形。若平面波入射角为 β，观察者位于 θ 角，衍射声场的能量用 ϕ_d 和 ψ_d 表示，则

$$\begin{pmatrix} \phi_d \\ \psi_d \end{pmatrix} = \begin{pmatrix} F_{p,p} & G_{p,s} \\ G_{s,p} & F_{s,s} \end{pmatrix} \begin{pmatrix} \phi_i \\ \psi_i \end{pmatrix} \tag{1-7}$$

式中　ϕ_i、ψ_i——入射波能量；

$F_{d,i}$、$G_{d,i}$——衍射振幅或衍射系数，从 i 类型入射波至 d 类型衍射波，i 指入射波的类型，分为 p（纵波入射波）和 s（横波入射波）；d 指衍射波的类型，分为 p（纵波衍射波）和 s（横波衍射波）。

从衍射源传播出去的衍射能量按下式计算，即

$$\phi_d \rightarrow \phi_d \left(\frac{\lambda_p}{r}\right) e^{ik_p r} \tag{1-8}$$

和

$$\psi_d \rightarrow \psi_d \left(\frac{\lambda_s}{r}\right) e^{ik_s r} \tag{1-9}$$

式中　r——至裂缝边缘的距离；

λ_p、λ_s——纵波和横波波长，且与它们各自的波矢量 $\boldsymbol{k}_p$、k_s 有关，k_s 通过 $k_p = 2\pi / \lambda_p$，

则 $k_s = 2\pi / \lambda_s$。

Ogilvy 和 Temple 在 1983 年推导出来的衍射系数为

$$F_{s,s} = e^{i\pi/4} \times \frac{k_s^3 \sin\beta/2 \left[k_s s + T\sqrt{Q_{ps}(\theta)}\sqrt{Q_{ps}(\beta)}\right]}{2\pi(k_s^2 - k_p^2)(\cos\theta + \cos\beta)Q_{rs}(\theta)Q_{rs}(\beta)k^+(-k_s\cos\theta)k^+(-k_s\cos\beta)} \tag{1-10}$$

$$F_{p,p} = e^{i\pi/4} \times \frac{\sin\beta/2 \left[\sin(\theta/2)R(\theta)R(\beta) + k_p^3 T\sqrt{Q_{sp}(\theta)}\sqrt{Q_{sp}(\beta)}\right]}{2\pi(k_s^2 - k_p^2)(\cos\theta + \cos\beta)Q_{rp}(\theta)Q_{rp}(\beta)k^+(-k_p\cos\theta)k^+(-k_p\cos\beta)} \tag{1-11}$$

$$G_{p,s} = e^{i\pi/4}\sqrt{\frac{k_s}{k_p}} \times$$
$$\frac{k_s^2 \sin\beta/2 \left[-k_p^2\sqrt{2k_s}U\sqrt{Q_{sp}(\theta)} + 2\sqrt{2k_p}VR(\theta)\sqrt{Q_{ps}(\beta)}\right]}{4\pi(k_s^2 - k_p^2)(k_p\cos\theta + k_s\cos\beta)Q_{rp}(\theta)Q_{rs}(\beta)k^+(-k_p\cos\theta)k^+(-k_s\cos\beta)} \tag{1-12}$$

$$G_{s,p} = e^{i\pi/4}\sqrt{\frac{k_p}{k_s}} \times$$
$$\frac{k_s^2 \sin\beta/2 \left[\sqrt{2k_p}R(\beta)\sin2\theta\sqrt{Q_{ps}(\theta)} - 2k_p^2\sqrt{2k_s}T\sqrt{Q_{sp}(\beta)}\right]}{4\pi(k_s^2 - k_p^2)(k_p\cos\theta + k_s\cos\beta)Q_{rp}(\theta)Q_{rs}(\beta)k^+(-k_p\cos\theta)k^+(-k_s\cos\beta)} \tag{1-13}$$

式中　k_s、k_p——介质中有意义频率上的瑞利波的波矢量。

函数 k^+ 由下式给出

$$k^+(\alpha) = \exp\left[\frac{-1}{\pi}\int_{k_p}^{k_s}\arctan\left(\frac{4x^2\sqrt{x^2 - k_p^2}\sqrt{k_s^2 - x^2}}{2x^2 - k_s^2}\right)\frac{\mathrm{d}x}{x \pm \alpha}\right] \tag{1-14}$$

用到的其他函数为 $Q_{xy}(\alpha) = k_x - k_y\cos\alpha$ 及 $R(\alpha) = 2k_p^2\cos^2\alpha - k_s^2\cos^2\alpha - k_s^2$，代入量 $S = \cos2\beta\cos2\theta\sin\theta/2$，$T = \cos2\beta/2\cos\beta\sin2\theta$，$U = \cos2\beta\sin2\theta$ 和 $V = 2\cos\beta/2$ $\cos\beta\sin\theta/2$。

式（1-10）～式（1-13）用复杂的衍射系数说明了衍射信号的相位和振幅，式中 $e^{i\pi/4}$ 是典型的衍射问题。然后有复杂的角度系数。对于通常使用纵波检测的 TOFD 技术，可应用式（1-11）。由于 $k_s > k_p$，根据衍射系数的符号，系数的平方根总是实数，因此衍射信号的相位是π/4 或 5π/4。Ravenscoft 等在 1991 年通过实验验证了相位的正确性。

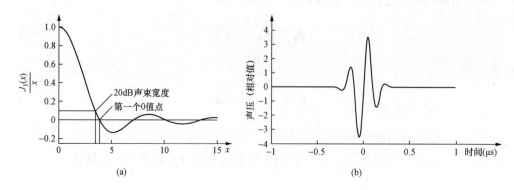

图 1-2 声束形状函数和模拟探头发射脉冲

（a）声束轮廓函数；（b）触发脉冲

综上所述，光滑裂纹边缘上衍射能量的衍射波分布就像在某个光滑平面上的反射光，跟波的频率无关。因此能量的衍射波分布可以从解决一类称作"典型问题"的具有普遍性的问题中得到。对于垂直于发射探头和接收探头入射点连线平面上的裂纹，可以用两个探头组成的扫查架扫描，这个"典型问题"是：一个无限长、无限薄的裂纹，其两裂纹面间不接触。经验证明，这个模型很有效。Maue 在 1953 年首次公开发表了这个结论，并由 Coffey 和 Chapman 在 1983 年作为脉冲回波和裂开的光滑平裂纹串列扫查的基本模型加以发展。通过比较认为，Maue、Coffey 及 Chapman 的研究理论非常接近，他们推导出的结果适用于 TOFD 技术的发展。Achenbach、Gautesen 及 McMaken 在 1982 年得出了关于裂纹角度，包括倾斜和扭转裂纹衍射的完整理论论述。

第三节 均匀介质中的衍射时差法

TOFD 技术是基于裂纹衍射信号的计时测量方法，如图 1-2 所示。首先考虑在一个均质、单一材料平板内的隐藏裂纹。发射探头 Tx 射出一组超声波进入工件。这个能量通过一定角度的超声波传出。

在发射探头远场中，声束轴上的入射能量为

$$\psi_{\text{inC}} = \frac{A_{\text{probe}}}{\lambda_i r_1} e^{ik_1 r_1} \tag{1-15}$$

式中 A_{probe}——探头晶片面积；

k_1、λ_1——纵波或横波矢量和波长。

根据探头类型，如衍射点不在声束轴线上，则此振幅因声束形状而改变，所用到的声束形状由贝塞尔函数得出，即

$$2J_1(x)/x \tag{1-16}$$

$$x = \frac{2\pi f a \sin \Omega}{C_\alpha} \qquad (1\text{-}17)$$

式中　f——频率；

　　　a——假定的波源半径；

　　　C_α——弹性波波速，用α表示纵波或横波；

　　　Ω——相对声束中心线的夹角。

这个模型在探头远场与实际情况非常吻合，贝塞尔函数有旁瓣。衍射点可能不在发射探头或接收探头振幅函数的最大值上，因此，离开声束最大值的角度用Ω_1和Ω_2表示，它们分别定义为

$$\Omega_1 = \left| \arctan \left\{ \frac{x_t}{h - y_t} \right\} \right| \qquad (1\text{-}18)$$

$$\Omega_2 = \left| \arctan \left\{ \frac{x_{TR} - x_t}{h - y_t} - \theta \right\} \right| \qquad (1\text{-}19)$$

式中　θ——声束角；

　　　h是板厚。

其中缺陷上端点的坐标为(x_t, y_t)，从板的底部量起。对于接收探头与发射探头间距为x_{TR}的衍射时差，或对于缺陷的脉冲回波，裂纹的端点可能不在接收探头的声束轴上。

到达接收探头的振幅会受到接收探头晶片方向灵敏度的影响。在这里接收晶片与发射晶片是相同的，包括弯曲裂纹边缘的几何形状，最终裂纹上的衍射信号的表达式为

$$\psi_{rec} = \left[\frac{4A^2_{probe} J_1(x_1)(x_2)}{\lambda^2_s r_1 x_1 r_2 x_2} e^{ik_s}(r_1 + r_2) \right] D(\theta, \beta) \left[\frac{\lambda^3_s \eta r_1 r_2}{\eta(r_1 + r_2) - r_1 r_2 (\cos\beta + \cos\theta)} \right]^{\frac{1}{2}} \qquad (1\text{-}20)$$

而x_1和x_2由式（1-17）得到。

如上所述，部分能量入射到裂纹上并被裂纹散射。如果裂纹表面是光滑的，那么在这个表面上的入射波会发生镜面反射，与光学反射一样，反射角与入射角相等，两角度都是从裂纹面法线开始测量的。

在实际情况中，裂纹是在垂直于最大应力方向的平面内延伸的，并如图1-3所示定位，并且反射能量将直接离开发射探头和接收探头，并不一定会返回到两个探头。对于一个粗糙表面的裂纹，一部分能量可在所有方向上散射。对任意裂纹来说，不论是平滑表面还是粗糙表面，裂纹边缘上的散射，正确的定义是衍射，会引起一部分入射能量传输至接收探头。如果裂纹足够大，则在裂纹两个端点处的信号，完全可以在传播时间上区分出来，可认为是从不同声源发来的信号。而且这两个信号都有一定的能量。以最短的路径从发射探头直接抵达接收探头，称为直通波，直通波刚好在工件表面下。

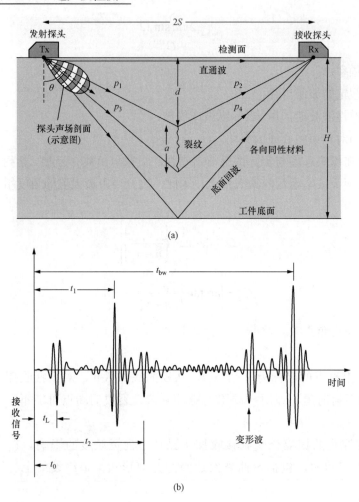

注：裂纹尖端的位置是由直通波与路径 P_1+P_2 或 P_3+P_4 脉冲中间的时间差来确定的，这些路径在图（b）中各自用 t_1 和 t_2 表示。

图 1-3　使用两个探头的衍射时差法

　　典型的实验信号如图 1-4 所示，缺陷是一个孔。这种显示类型叫 B 扫描，是由换能器通过连续的 A 扫描记录叠加而成。A 扫描中的电压波动代表了 B 扫描中的强度变化。例如，以固定的步进移动探头，在垂直平面中则包含了它们的标记点，这些标记点跨过一个在这个平面上的垂直的圆柱孔。显示的信号是：从图的顶部到底部依次为平面波、孔的顶部到底部的信号、从孔的顶部到底部的波形转换信号，以及最后的底面回波信号。

　　由图 1-4 显示的时差中，只要工件中的声速是已知的，就可以检测到裂纹的自身高度或其他缺陷的尺寸，以及到检测面的深度，其中，假设材料是单一、均质的性质是很重要的。在这类材料中，不同类型弹性波的传播速度是常数，并且与方向无关；但是实际中的材料不是均匀的。

22

图 1-4 埋藏孔的衍射信号

一、裂纹的自身高度和埋藏深度

为了简化计算，可以假定超声"波前"来自一个点声源，并汇聚到一个点探测器上。虽然是一种近似，但在满足这两个条件的情况下，精度是足够的。第一，衍射源能在发射探头和接收探头的远场区，定义为 $D^2/4\lambda$，D 是探头振动元件的有效直径，可视为活塞源；λ 是超声波长。例如，直径为 10mm 的探头，在钢中以 5MHz 的频率传播，其近场区约为 21mm。第二，衍射源接近发射探头和接收探头的声束轴线，声束的中心瓣扩散区达到一个角度约为 λ/D（相对于光束轴），对上面设定的探头来说这个角度将略大于 8°。如果满足这些条件，就能够测量不同路径信号之间的时间间隔，精度可以达到声波一个周期的 1/2 数值的数量级。

为简化分析过程，首先忽略超声波在探头内部及楔块中的传播时间，并假设能够精确测量声波在工件中的传播时间。

计算裂纹自身高度和埋藏深度，可应用勾股定理。假设裂纹位于垂直于检查面与发射探头和接收探头连线的平面内，并假设裂纹是在发射探头与接收探头的中间（移动探头组，直到缺陷信号的传播时间为最小值），裂纹最靠近扫查面的深度值用 d 来表示，裂纹本身有一个壁厚方向的高度值 a。参照图 1-3，发射探头 Tx 与接收探头 Rx 的中心距为 $2S$，弹性波的传播速度为 C，则各种信号的传播时间为

$$t_L = \frac{2S}{C} \tag{1-21}$$

$$t_1 = \frac{2\sqrt{S^2 + d^2}}{C} \tag{1-22}$$

$$t_2 = \frac{2\sqrt{S^2 + (d+a)^2}}{C} \tag{1-23}$$

$$t_{bw} = \frac{2\sqrt{S^2 + H^2}}{C} \qquad (1\text{-}24)$$

式中　H——平板厚度；

　　　t_1、t_2——裂纹尖端处衍射信号的传播时间；

　　　　t_L——第一个抵达的直通波信号时间；

　　　t_{bw}——底面回波传播的时间；

　　　C——既可是 C_p，也可是 C_s，分别为纵波或横波的传播速度。

　　整理以上各式，扫查面到裂纹上尖端的深度 d 为

$$d = \frac{1}{2}\sqrt{C^2 t^2_{\ 1} - 4S^2} \qquad (1\text{-}25)$$

$$a = \frac{1}{2}\sqrt{C^2 t^2_{\ 2} - 4S^2} - d \qquad (1\text{-}26)$$

　　探头间距不必知道，可用下式替代

$$2S = C_L t_L \qquad (1\text{-}27)$$

式中　C_L——直通波波速。

　　在平板上，C_L 与体积波波速 C_P（纵波波速）或 C_S（横波波速）相同。这是非常有意义的，每种波形都有各自的特点。横波波长约为纵波波长的一半，这一点有利于提高检测分辨力，但是缺点是速度只有纵波的一半。因此许多有意义的信号可能会夹杂在其他信号的中间，也可能是假信号，波形转换的纵波产生的信号传播得较远，或由表面波产生。在很多情况下，横波信号比纵波更难以解释和分析，因此，通常使用纵波信号；但是有时在考虑被检材料不均匀性时也可采用横波。

　　在使用纵波信号时，通过选择合适的探头间距，使任何其他信号都在纵波的底面回波之后到达接收探头，见图1-3，这时，如果

$$t_L(横波) > t_{bw}(纵波) \qquad (1\text{-}28)$$

或
$$\frac{2S}{C_S} > \frac{2\sqrt{S^2 + H^2}}{C_P} \qquad (1\text{-}29)$$

　　由于 $C_p \cong 2C_s$，条件可简化为 $S > H/\sqrt{3}$。这里不考虑超声波在缺陷处经过波形转换的情况。波形转换的情况如图1-4下方所示。在波束中心方向上，一个探头的横波与另一探头的纵波在相交处增强。由于有两个这样的位置，因此一个缺陷会出现两个信号。纵波转换到横波的情况刚好相反。

　　波形转换导致信号分析更复杂了，但是所有接收的信号及它们之间的相互关系仍然能够与原始信号有效地区分。对仍然模糊的区域，可以通过改变探头中心距进行附加扫查来解决。在某些情况下，波形转换信号也有利于信号分析。

二、裂纹自身高度的测量精度

　　如图1-5所示，其中路径为8～15mm，所测得的缺陷深度均相对于实际深度列出。

缺陷是疲劳裂纹，实际图形在图中以实线表示，用圆圈表示的实验数据是根据 Silk 在 1979 发布的。其均方根误差为 0.3mm。

1976 年，Lidington、Silk、Montgomery 和 Hammond 详细讨论了 TOFD 技术的深度测量精确度问题。

假设探头对称布置在裂纹两侧，声束进入点间距为 2S，则裂纹深度 d 按下式计算

$$d = \frac{(C\Delta t)^2}{4} - S^2 \qquad (1\text{-}30)$$

式中　Δt——声波在工件中的传播时间。

仪器只能测量到发射探头触发脉冲与衍射信号抵达之间的时间 Δt_0；为得到声波在工件中的传播时间，要减去探头延时。由直通波信号传播时间可以确定探头延时，如触发脉冲后的传播时间为 t_L，则探头延时 P 由下式决定

$$P = t_L D - t_L = t_{Lo} - t_0 - 2S/C \qquad (1\text{-}31)$$

通过测量直通波传播时间与缺陷信号传播时间的差值，可近似计算出缺陷深度，即

$$C\Delta t = 2\sqrt{S^2 + d^2} - 2S \qquad (1\text{-}32)$$

$$d = \left(\frac{C\Delta t}{2} + S\right)^2 - S^2 \qquad (1\text{-}33)$$

假定探头的延时确定，忽略楔块内传播路径长度随角度的变化，声波在工件表面上发生反射，则

$$\Delta t = 2\left(\frac{h}{C_1 \cos\psi} + \frac{d}{C_2 \cos\theta}\right) \qquad (1\text{-}34)$$

$$S = h\tan\theta + d\tan\theta \qquad (1\text{-}35)$$

$$C_1\sin\theta = C_2\sin\psi \qquad (1\text{-}36)$$

式中　h——楔块垂直方向厚度（探头中心处）；

d——缺陷自身高度；

ψ——楔块中的声束角；

θ——工件中反射声束角；

C_1——楔块中的波速；

C_2——工件中的波速；

$2S$——晶片中心距；

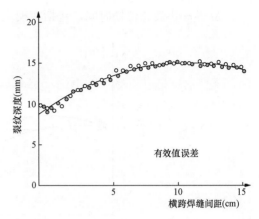

注：图中的粗圆和细圆代表声束角与法线夹角为 10° 和 20° 的 TOFD 测量点，即在裂纹面上测量。实线表示解剖后确定的实际裂纹形状。

图 1-5　用 TOFD 测量疲劳裂纹

Δt ——声波总传播时间，包括在楔块内的传播时间。

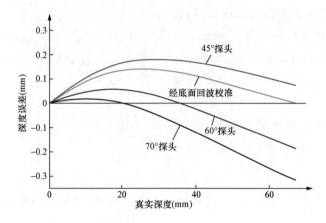

图1-6 楔块对深度评估精确度的影响

探头中心距为80mm，中心处的楔块厚度为5mm，各曲线表示以不同方式评估探头间距的影响。

计算深度可行的方法是根据理想声束轴线从探头晶片发出，经过楔块与检测面相交点导出有效探头间距。图1-6所示为45°、60°及70°探头的三种情况。这时接近声束轴线的缺陷最大深度测量误差很小。另一种方法是用图解来表示有效探头间距，在某些深度范围内深度误差为零。只要将工件底面反射回来的信号作为校正点（这种方法也可用来测量声速）对已知深度的信号进行校正，就可得到用这种方法导出有效探头间距的示意图。此时靠近两表面时的结果比较精确，中部的深度计算误差较大，如图1-7所示。

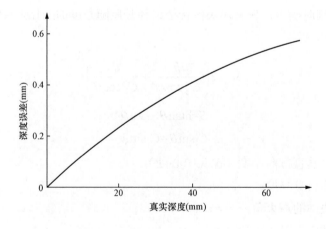

图1-7 以深度函数表示的深度误差（S=40mm，S的误差为1mm）

在楔块厚度较薄的情况下，楔块厚度对路径计算的校正偏差可以忽略。楔块较厚时，偏差不能忽略，需要精确计算路径时也不能忽略。

三、探头间距误差的影响

用作探头间距的图形对深度测量精度有较大影响。现作进一步讨论，为简化分析，忽略楔块部分的复杂影响，从检测面上的一个简单点探头上开始研究。再次测量与直通波有关的衍射信号的传播时间Δt。将式（1-32）简化为

$$（C\Delta t）^2+4C\Delta tS=4d^2 \tag{1-37}$$

Δt 可通过测量得到，现将 d 看作是 S 的函数并进行微分，得出

$$\frac{\partial d}{\partial S}=\frac{C\Delta t}{2d} \tag{1-38}$$

可知，对于小幅度变化的 S，深度误差正比于 S 的误差。例如，探头的 S=40mm（中心距为 80mm），对于 60°声束，位于中心线上的缺陷，S 中每 1mm 的误差会造成 d 的 0.27mm 误差。为计算深度，用式（1-32）中的 S 及 d 替代 $C\Delta t$，得到

$$\frac{\partial d}{\partial S}=\frac{\sqrt{S^2+d^2}-S}{d} \tag{1-39}$$

由图 1-7 可知，对于 S=40mm，S 误差为 1mm，时，深度误差变化与真实深度之间的关系。

四、耦合层厚度的影响

为实现良好的耦合，通常用液体或胶作为耦合剂，施加于探头底面和工件之间。通常这种耦合层的厚度很薄，可以忽略其对超声波信号计时的影响；但是，有些情况下需要较厚的耦合层。在浸入式探头情况下，耦合层可起到楔块的作用，但是由于工件表面不是很平，耦合层厚度在探头移动过程中可能发生变化。耦合层或其他抗摩保护层的影响，可以考虑加到式（1-31）～式（1-33）代表的模型中，在楔块与工件间可以有一层或多层一致厚度的层。例如，使用图 1-6 中同样的数据，但加上了 0.5mm 厚的耦合层后，该耦合层的超声波性能与水相同，可以得到图 1-8 所示的结果。

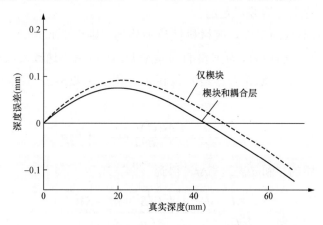

注：耦合层的超声波性能与水相同。S 值设定为 38mm。

图 1-8 在楔块与工件间增加 0.5mm 厚的耦合介质所造成的深度误差

与楔块相比，耦合层的影响很小。对于接触式探头，耦合层厚度变化一般不超过0.5mm，因此其影响与其他误差源相比均可忽略。同理，对于浸入式探头，维持探头的接触面到检测面距离变化导致的误差可以忽略。但是，安装探头时仍需要仔细设计，以保证在大型工件的自动浸入式扫查中不发生太大的影响。

在以上误差讨论中，是通过缺陷信号相对于直通波信号来计时的。图1-9表明：如将耦合层厚度增加0.5mm，就将形成深度误差，但可忽略直通波时间的综合变化。当然，这么大的误差是不能接受的。检测中，如果不能观察到直通波，也可以进行检测。必要时，可找到其他信号作为深度校正信号。在平板工件中，底面反射信号非常明显，可作为校正信号。在较复杂工件中，也可能使用其他信号。

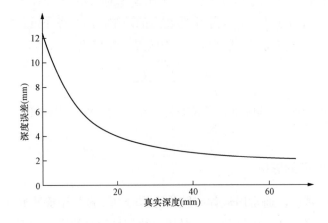

注：耦合层的超声波性能与水相同。S 值设定为 38mm。

图1-9　如图1-8增加耦合层同样的效果，由耦合层引起的直通波计时的变化可以忽略

五、声速的影响

目前，所有的分析是基于假设超声波在工件中的声速是确定的。对于声学性能单一均匀的材料，这个条件是容易满足的。

对于复杂几何形状的工件，或材料性质不均匀，则会引起声速变化，或者材料各向异性引起的声速变化都将成为重要的误差来源。为讨论声速改变会影响到深度的测量，可在式（1-37）中，把 d 看作是 C 的函数，用于常数 Δt 及 S。对 C 及 d 微分后，得到

$$\frac{\partial d}{\partial C} = \frac{C\Delta t(C\Delta t - S)}{4Cd} \tag{1-40}$$

以式（1-32）中的 S 和 d 表达 $C\Delta t$，得到

$$\frac{\partial d}{\partial C} = \frac{\sqrt{S^2 + d^2}(\sqrt{S^2 + d_2} - S)}{Cd} \tag{1-41}$$

由于 d 远小于 S，因而简化为

$$\frac{\partial d}{\partial C} = \frac{d}{2C} \tag{1-42}$$

从式（1-42）中，可得出 1% 的 C 误差，会引起 0.5% 的 d 误差。由于 $d \ll S$，$\partial d / \partial C$ 随 d 增大而增大，但增速不大，所以当 $S=40mm$，对 60mm 深度来说，深度误差将增加 0.67%（见图 1-10）。

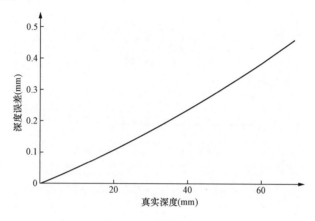

图 1-10　1% 的波速误差对深度测量精度的影响（C=5.9mm/μs，S=40mm）

以上结果表明：得到精确的声速值非常重要。如果声速发生了变化，就会引起较大的深度测量误差。

声速校验的一个方法是测量底面回波传播时间，由式（1-21）及式（1-24），有

$$C = \frac{2H}{\sqrt{t^2_{bw} - t^2_{L}}} \tag{1-43}$$

应注意，t_{bw} 与 t_{L} 是在工件中的传播时间，在知道探头延时的情况下，才可以测量。探头延时通常只被认为是探头部件的一个性能，但是只有在探头用到工件上，而工件中的声速已知时，才能测量这个延时。

根据已知的校正板厚度和超声波波速，通过校正，可以精确测得探头延时。对于要求非常精确的检测工作（如在役设备缺陷扩展监测），需要使用一些其他测量方法精确测出工件中的超声波波速，并把底面回波作为一种手段来估算有效的探头间距，降低楔块的影响。如果工件中的波速会发生变化，可通过底面回波来监测这些变化。

六、检测表面特性的影响

对于测量精度的讨论是在假设检测面是光滑平面的基础上进行的。检测面平面度上的小偏差就使测量精度明显降低。因为此时探头会相对于假定的位置做上、下移动。深度测量误差会表现出相同的规律，或者小于探头的位移量。本章将对复杂几何形状的情况做深入的考虑。如果表面是粗糙的，其粗糙程度可与超声波波长相比，由于耦合层厚

度的变化可引起测量精度下降，同样，也可能因频率的改变而使超声波脉冲形状发生变化，进而引起测量精度下降。

七、时间分辨率对深度分辨率的影响

在采用 TOFD 技术测量裂纹埋藏深度和自身高度时，埋藏深度和自身高度测量的分辨率取决于计时测量的分辨率。将式（1-30）进行微分，则深度分辨率∂d可根据时间测量分辨率$\partial(\Delta t)$导出

$$\partial d = \frac{C\partial(\Delta t)}{2\cos\theta} \tag{1-44}$$

式中　θ——声束法线与检测面夹角。

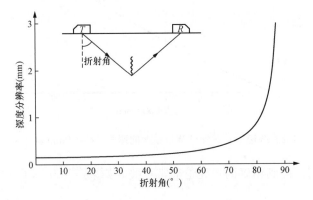

图 1-11　深度分辨率与折射角的关系曲线［假设$\partial(\Delta t)$=50ns］

图 1-11 中绘出了假设$\partial(\Delta t)$=50ns 时深度分辨率与折射角的关系曲线。

时间测量分辨率，$\partial(\Delta t)$与信号频率及数字取样率都有关系。一般采样率可达到 20MHz，并且高至 200MHz 的采样率也容易达到。分辨率为 1 取样区间（50ns，频率 20MHz）也是容易达到，较高的分辨率使用插值法也能得到。50ns 的采样区间对于厚材料的分辨率也有良好的效果，因为在这种情况下，1mm 的测量精度已经足够了。但当检查壁厚小于 1mm 的薄壁管子时就必须使用较高频率和较高的数字化率。信号的频率范围部分取决于超声波换能器的设计，部分取决于被检材料的声学特性。

式（1-44）的另一重要特性是其分母中的$\cos\theta$项。它控制了近表面缺陷分辨率的下降。由于$\cos\theta$被简化为$d/\sqrt{S^2+d^2}$，近表面范围用 S 来定义。这样，一个 10mm 深、用 80mm 探头间距测量的缺陷，与一个 2mm 深、用 16mm 探头间距测量的缺陷需提供的分辨率是相同的。由此看出，应使用小探头间距，但同时还要兼顾其他方面的影响。如果检测深缺陷及近表面缺陷，声束角和探头间距的选择要综合考虑到深、浅缺陷的情况。在某些情况下，可按不同深度做分区扫查。

八、计时精确度的影响

信号脉冲来自超声换能器，换能器位于靠近声束轴的点上，由 2 个或 3 个周期的共

振频率组成，并近似于高斯分布。这种类型的信号容易实现精确计时测量，一般是以信号的零交叉点电平为基准进行计算。在理论上这种测量是最精确的，可测量到主要频率周期的一个小分数值。但是要求所有脉冲信号都是这种类型，在实际检测中很难实现。

有两个干扰的因素：①测量时常常会有脉冲传播的路程离换能器轴线太远，引起脉冲波形变形；②根据微分处理的情况或传播的反射路径，脉冲的相位可能发生改变。对此两种因素，应分别加以考虑。

第一，与声束轴成一个角度传播的声束，且可能略大于名义声束宽度，这个脉冲可分为前导和滞后成分，它们可能包含离换能器最近及最远点的原始形状。由于名义声束宽为 $\sin^{-1}(\lambda/D)$，式中 D 是换能器直径；λ 是轴线上脉冲中心频率处的波长。

第二，声束宽度取决于频率，其中低频成分与声束轴的夹角大，并可能对脉冲形状产生较大影响，特别是当角度远大于名义声束半扩散角时尤为明显。

关于缺陷信号偏离轴线作用的影响在图 1-12（a）中有说明。图 1-12（b）可证明，当减小有效探头直径时，这种影响将大大降低。

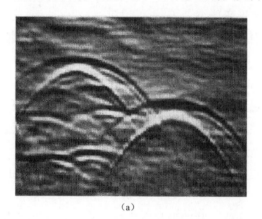 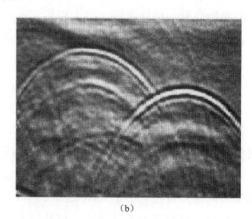

（a）　　　　　　　　　　　　　　　（b）

图 1-12　横孔试块的弧线图形

（a）出现的多重弧线，是由两个换能器的边缘分别发出和接收的信号形成的；

（b）由遮盖了探头面而得到的

总之，缺陷信号的起源接近两探头的声束轴，直通波可用作计时基准。

只要低频成分被接收放大器衰减，直通波脉冲波形特征是一个中心脉冲，伴有振幅为一半的前导和滞后伴生脉冲。实际中，此伴生脉冲比中心脉冲小，在灰度 B 扫查中难以观测到。

在图 1-4 中有一些尾随横波的痕迹及某个前导脉冲可在启动记录器门之前出现。整体来看，伴生脉冲不会成为影响因素。中心脉冲比起轴上脉冲有更少的周期和稍低的频率。它与轴上脉冲的中心部分配置良好，特别是其中心过零位能对准轴上脉冲的中心零位。显然，这就是所使用的测量点，而用任何其他脉冲来测量均会产生误差。

如果由于选错测量点而引起了误差，就难以保证其测量精度，因为它非常依赖于脉冲形状。显然，至少在名义频率的一个周期上可能发生误差，从而使典型的 80mm 探头间距在 5MHz 时，产生几毫米的深度误差。这个误差已大于以前讨论过的任何误差，可能未校正过的耦合层厚度变化误差除外。

现在考虑信号相位的影响。在脉冲形状讨论中，忽略了相位对衍射过程的影响。但其本质是：对于通常使用的 45°～70° 探头角，缺陷底部的信号相位将比直通波滞后 π/4，而缺陷顶部信号相位则提前 3π/4。Ravenscroft、Newton 和 Scruby［1991］在表面开口的疲劳裂纹上很好地验证了这个结论，但对其他缺陷还有不同的结果。对信号相位的研究曾假定缺陷底部信号与直通波是同相的，缺陷顶部信号相位是反相的（对底面回波则相反）。基于这种假定的测量是，平均来看，误差为脉冲中心频率周期的 1/8。误差一般小于一个数字采样区间，因此不是较大的误差源，但它对最精确的检测工作来说可能是影响较大的。

在讨论中，可以推导出 TOFD 精确测量的一些重要的结论：

（1）在信号强度满足要求时，选用小探头，因为小探头具有较大的声束宽度及足够强的离轴信号，如直通波，与大探头相比，波形变形小。

（2）如果用直通波来计时，应根据声束中心处的信号进行波形检查，并仔细选择精密的测量步骤，直通波信号中心与缺陷信号中心应确切一致。

如果定义了缺陷信号的首个过零点进行测量，则可能要对直通波时间加上校正偏置量。

（3）探头角度远小于 60° 时，则用底面回波作为参考基准。另外，对于厚度已知的平板工件，尽量用与被检工件同材质的测试试块上的校正值来精确地测量探头间距和延时值，并用这些数字来计算缺陷深度，而不是用直通波或底面回波传播时间来计算。

（4）仔细检查缺陷信号的相位并选择相应的测量点，否则在缺陷顶部相对其底部的测量时间误差可能有半个周期大。

在声波衰减严重的材料中，可能随着深度变化，脉冲形状发生严重变形。这是因为衰减的增大与频率有关，当信号通过较长距离时，其高频成分比低频成分衰减得更多。测量精度在这种材料中会下降。

图 1-13 显示了一个发射探头和两个接收探头的情况，而两个发射探头和一个接收探头将产生同样的效果图。缺陷顶部在两个椭圆的交接处。

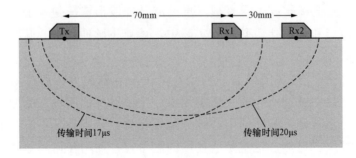

图 1-13　用时间差确定的缺陷顶部的椭圆轨迹

第四节 裂纹自身高度或深度的轨迹

为便于分析，将裂纹对称置于发射探头与接收探头之间，但这不是实际检测中探头和缺陷最常见的相对位置。缺陷通常是在图 1-3 中两探头间的某个位置上，不一定是在中间处。缺陷尖端的可能位置是在固定区间时间的轨迹上，此轨迹是以两探头为焦点的椭圆弧，见图 1-14。当缺陷接近式（1-25）及式（1-26）所假定的中间位置时，误差相对较小。对于真实的三维缺陷，至少要 4 个探头，或用等量的探头多次扫描，不同探头间距来完成精确的定位和测量。经常使用更多的手段，包括更多的探头组，以保证在厚壁工件（如压水反应堆用的容器）中对裂纹进行可靠、精确地检测和测量。缺陷检测试验，用多组发射探头和接收探头在平板缺陷区上扫查所得的轨迹例子见图 1-15，其 z 坐标（壁厚方向）可直接从图形上确定。

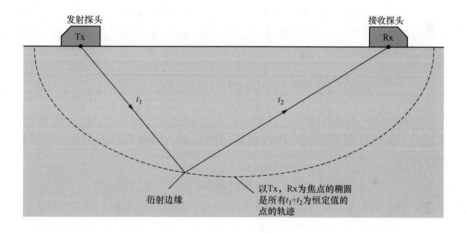

图 1-14 从发射探头 Tx 到接收探头 Rx 传播时间为常数的各点的椭圆轨迹

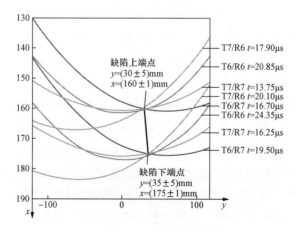

图 1-15 衍射边缘的轨迹定位

33

第五节 衍 射 弧

TOFD 技术在实际应用中是用来检测缺陷的。在 B 扫描中，在换能器组靠近缺陷和远离缺陷时，将产生弧形信号。若缺陷对称于发射探头和接收探头，与发射探头和接收探头形成的平面正交，并垂直于检测面，则脉冲传播的时间最少。当换能器沿垂直于缺陷平面的扫查线向远处移动时，脉冲传播的时间将增大。因此，当换能器从对称位置的一侧向另一侧扫描时，衍射信号传播的时间将减至最小值，然后再次增大，在 B 扫描图像中形成一条弧线，称为衍射弧。图 1-4 中可清楚地看到这条弧线，这条弧线是在一个埋藏的孔上扫描时形成的。

假设发射和接收换能器位于一个平面上，计算深度 d 处一个小球孔散射脉冲的传播时间。该缺陷实际上是一个点波源。固定发射探头和接收探头，并让缺陷在平行于平板的直线上移动。于是得到的传播时间是缺陷从某个原点沿其扫查方向移动距离的函数。坐标原点在表面上，发射探头固定在 $(-S, 0, 0)$，接收探头在 $(S, 0, 0)$。设缺陷位置为 $(x, y, -d)$，则传播时间 t 为

$$t = \frac{1}{C}[\sqrt{(x+S)^2 + y^2 + d^2} + \sqrt{[(x-S)^2 + y^2 + d^2}] \tag{1-45}$$

式中　C ——相应的信号传播速度。

此等式用于固定位置的小孔。模拟换能器的扫查，即允许缺陷沿平行于表面的直线路径来移动，则

$$y=mx+常数$$

但是，有一种特殊情况，当缺陷对称于换能器，换能器沿 y 轴扫查时（D 扫查），$x=0$，即有

$$\frac{C^2 t^2}{4k^2} - \frac{y^2}{k^2} = 1 \tag{1-46}$$

$$k_2 = S_2 + d_2$$

式中　y——扫查位置。

式（1-46）是一个双曲线公式。它有两个含义：其一是物理意义的，当散射点位于两声束轴定义的平面内时，t 有最小值，当散射点离开此平面时 t 增大。由物理理论可知，虽然上面提到双曲线只是在特殊情况下出现，但信号轨迹对此简化几何关系的所有扫查路径来说形状都是相同的。特别是，在平行于声束轴定义的平面上扫查时（B 扫查），此信号轨迹对深度来说非常像双曲线，但当接近表面时就开始展平至最小值。当缺陷已离开换能器的声束轴时，即使简单缺陷也能产生复杂弧线图案。原因是在分开的换能器边上发生的信号能够前移至缺陷处，并被反射至接收探头，就像不同的无干涉的波束，呈现出恰如各探头组有两个发射探头和两个接收探头，给出四种可能的弧线对应各缺陷端部。这些效应只在换能器的近场中出现。图 1-16 用图解几何方法来讨论这些多重弧线

的原理，用直径为 15mm 的探头，中心距为150mm、埋藏深度为50mm的点缺陷进行试验，对于缺陷来说，在裂纹边的顶部和底部，有相同的弧线，只要缺陷的自身高度大于脉冲长度，或大于 2λ 即可。

在图 1-16 中，探头中心距为 2S，每个探头直径为 2p，缺陷深度为 z，x 表示缺陷从发射探头与接收探头间的中间平面起始的水平距离，即是从最小信号传播时间位置上的探头偏置量。如果考虑楔块的几何形状和 Snell 定理在工件表面上的反射，则只能得到数字解，这就是图 1-16 中曲线的计算方法。但是，使用 Coffey 和 Chapman 的图纸可以得出近似解，其中探头和楔块部件用一个半径为 $p=a$（$\cos\theta/\cos\psi$）的虚拟探头代替，式中 a 是真实探头半径；θ 及 ψ 分别为声束角和楔块角。虚拟探头放置于工件表面的入射点上，并与声束轴线找准。从此探头到工件内部的路径可看作完全在工件材料内传播的，即不考虑工件表面的影响。

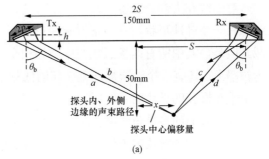

(a)

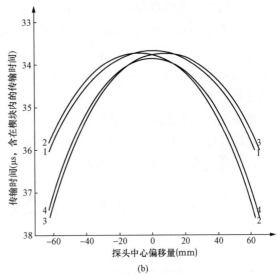

(b)

图 1-16　由发射探头和接收探头的内外边缘
产生的多重弧线

1—$a+d$；2—$a+c$；3—$b+d$；4—$b+c$

（探头直径为 15mm，声束角为 60°，间距为
150mm；缺陷上端点埋藏深度为 50mm）

定义 $u=p\sin\theta$，$\upsilon=p\cos\theta$，于是，利用这些变化，区间时间就是 t_i，其中 i=1，2，3，4，由式（1-47）得出

$$t_i = \frac{1}{C}\sqrt{(S+\alpha_i\upsilon+x)^2+(z-\alpha_i u)^2} + \frac{1}{C}\sqrt{(S+\beta_i\upsilon-x)^2+(z-\beta_i u)^2} \qquad (1\text{-}47)$$

其中，路径标记：i=1 为图 1-15 上的 $a+d$，$\alpha_i=\beta_i$=+1；i=2，为射线 $a+c$，α_i=+1，β_i=-1；i=3 为射线 $b+d$，α_i=-1，β_i=+1；i=4 为射线 $b+d$，$\alpha_i=\beta_i$=-1。θ_b 是声束角。从这些公式中算得的弧线与图 1-16 中的一个形状非常接近，但因为超声波在楔块中所用的时间已经忽略，所以用时间轴上的一个常数来代替。

弧线本身表明沿不同路径传输的时间是不同的。在研究对观察到的信号的影响因素时，必须考虑脉冲形状的影响。一般来说，不同路径传播的脉冲将相互重叠和干涉，因此，接收到的脉冲形状发生很大改变。效果精确性依赖于脉冲的基本频率和它的包络线。这里，假定有一个典型脉冲，具有近似的高斯包络线，中心频率为 5MHz。如图 1-16 所示，一对弧线在大部分长度上几乎是重合的，所以此作用是将信号分为两条弧线，每条弧线都有一个脉冲形状，且与基本脉冲形状不同，只是在中心频率以上的频率分量有些衰减。但是，其中所有四条弧线在中心处相交，这种效应更为突出。严重的干扰发生在基本频率上，还有一个波形被严重破坏的低频分量。在图 1-12 上可以看到这些特点，这是一个带有横孔的试块的弧线图形。图 1-12（a）表示从 1.5mm 直径换能器上得到的信号。孔的上表面的多重弧线降低了深度测量精度，孔的下表面信号是模糊不清的。对于浸入式探头，一个解决的方法是，用聚四氟乙烯一类吸波材料来遮盖换能器，只留下一个小孔。这个小孔可以是圆形的，也可以是槽形的，能够通过更多的能量，其长轴与包含声束轴的平面的垂直线相找准。在近场区计算时，孔径确定了换能器宽度，因而也可通过选择合适的孔径来保证远场区缺陷的有效检测。图 1-12（b）显示了 3mm 宽槽的换能器遮盖结果。此时，来自孔上表面的信号弧线就单一了，对于左边的孔，来自下表面的信号也清楚了。

结论是，在小范围内测量缺陷尺寸时，遮住换能器面会提高测量精度，相当于使用小直径的换能器。进一步说明一个基本原则：要获得很高的测量精度，应使用小直径换能器，以便可提供足够的信号强度。

第六节　其他裂纹深度测量方法

基于 TOFD 信息可有多种测量裂纹深度的方法，并且可用探头对称摆放在裂纹两旁。使用多达 42 个发射探头和接收探头组的信息，最多可达 64 组，使用图 1-14 中找出椭圆轨迹公共交点的方法从三维上来对裂纹尖端进行定位。

Mak 描述了几种理论方法来判别缺陷深度。采用脉冲回波法，用两个间距为 $2S$ 的换能器，则裂纹深度可由下式求出：

$$d = C\sqrt{p_1^2 - \frac{1}{4}\left(\frac{2S}{C^2} + \frac{p_1^2 - p_2^2}{2S}\right)} \tag{1-48}$$

式中　p_1、p_2——两个换能器到裂纹尖端的脉冲回波传播时间；

$\quad\quad\quad C$——在测试材料中弹性波的波速。

另外，两个换能器中一个用作为发射探头，另一个作为接收探头。测量绕裂纹的传播时间，然后移动换能器，或使用一组以上的换能器并记录下其传播时间。如果 p_{11} 及 p_{12} 是换能器的原始位置，那么裂纹尖端则位于一个焦点是（p_{11}, 0）和（p_{12}, 0）的椭圆上。如果换能器的新位置，或另一组探头的位置为（p_{21}, 0）和（p_{22}, 0），就可得到裂纹深度，即

$$d = \pm b_1\sqrt{1 - \frac{x - x_1^2}{a_1^2}}$$

$$x = \frac{-M_2 \pm \sqrt{M_2^2 - 4L_2N_2}}{2L_2} \tag{1-49}$$

$$L_2 = (a_2b_1 + a_1b_2)(a_2b_2 - a_1b_2)$$
$$M_2 = -2a_2^2b_1^2x_1 + 2a_1^2b_2^2x_2$$
$$N_2 = (a_2b_1x_1)^2 + (a_1a_2b_2)^2 - (a_1b_2x_2)^2 - (a_1a_2b_1)^2$$

式中：a_1 及 b_1 是第一个探头位置时间椭圆的半主轴和半副轴；x_1 是第一个椭圆的中心（由探头中心位置平均值得出）；x 是裂纹尖端的位置。

　　假定声束在材料中的入射点在声轴上是固定的点，即在声束分布图的最大振幅轴上。由于使用了发散的声束来检测不在声束轴上的裂纹，它可用来校正实际的声束入射点。这些与换能器上标出的声轴一般不符合，而且在浸入式检测中，其误差会很大。Mak 曾提出一个数学式，既可对接触式也可对浸入式测量作必要的校正。该数学式只用了五次迭代，需要用计算机计算来得到 0.0001mm 的精度。该模型假定实验误差取决于换能器的制造精度。对聚焦探头来说，可认为声波从聚焦点发出，时间测量应相对该焦点进行。注意，与仅仅减小直径的常规探头相比，聚焦探头能够形成更强的宽角度声束。声束边缘效应仍会在超出声束宽度的角度上出现。

第七节　单探头技术

　　早期的单探头技术是 Hunt［1975］和 Miller、Fujczak 及 Winter［1973］开发的，一般认为是"裂纹尖端反射"，Silk［1979］对此进行了评价，并根据 Harwell 的早期成果开展了研究。Lidington 和 Silk［1975］用一个单表面波探头来测裂纹深度。用这些早期成果，Silk 的测量精度达到了 ±1mm，这个测量精度比用多个探头差一些。

　　使用单探头比 TOFD 探头组在深度测量精度方面差一些的原因有两个：第一个是，如果探头的入射点刻度有误差，则对深度计算时产生的影响，单探头要比 TOFD 探头组大（在一般使用的声束角度上）。这是因为在 TOFD 探头组中的探头间隔误差可由校正信号（通常是直通波）来补偿。第二个是，对于单探头，必须精确知道声束角度，因此，它与 TOFD 测量不同。虽然也可以较为精确地测量探头声束角度，但与角度有关的衍射振幅的变化意味着有效的声束角对裂纹尖端衍射信号来说还是有些不同的。

　　在对 Ukaea 试验的 3 号和 4 号试板的检测中，用 TOFD 和用双晶 2MHz 70°纵波探头检测和测量复合金属板的各种缺陷时，都很有效。这种情况在钢制压力容器内常常遇到，特别是在核工业中。但是，在使用 TOFD 测量奥氏体不锈钢复合层与铁基材料界面下的长度小于 5mm 的缺陷时出现了困难。这是由于缺陷接近表面，直通波淹没了缺陷尖端衍射信号，以及接近表面时固有的时间分辨率不足产生的影响。如果是表面开口型缺陷或复合板的界面缺陷，则直通波会受到干扰，但是仍可对裂纹自身高度给出界限。一个利用 TOFD 的先进方法是：只用一个探头，使用缺陷端点上的衍射回波进行测量。这种方法是 Bann 和 Rogerson 研究的，并与双晶 2MHz70°纵波技术进行了对比。试件是铁素体钢复合层含一定大小的椭圆形、电弧加工的人工槽，模拟复合层金属下的裂纹。该槽是光滑的，其高度为 1～5mm，并按长高比分成四组：1:1、3:1、6:1 及 12:1。试件是片状金属复合层，双层奥氏体，第一层是 309L，第二层是 308L，最后的复合层金属厚度约为 8mm（±0.5mm），表面粗糙度为 Ra=6.3μm。

单 TOFD 探头是双晶 45°纵波探头，工作频率为 5MHz。探头 6dB 声束宽度约为 3mm，深度检测范围为 5～15mm，足够短的脉冲长度，可使槽中的裂纹尖端衍射信号的空间分辨率在复合层金属和基层金属中均能满足要求。

Bann 和 Rogerson 的室验结果没有通过破坏性实验来确定。因此很可能由于基材金属熔化导致实际的槽深与理论槽深不同。因此图 1-17(c)给出了母材固定熔化量为 0.5mm 和 1mm 与 0 熔化量的理想对应关系。结果中未考虑浸入式探头与复合层金属表面间可能出现的水层变化。此水层的局部变化为 0.25mm 时，可能导致计算裂纹尖端深度的偏差为 1mm。而复合层金属中超声波速与传播路径长度的变化将进一步增大误差。总之，Bann 和 Rogerson 得出，用单探头 TOFD 技术，可以高精度地测量复合层金属下的小缺陷。

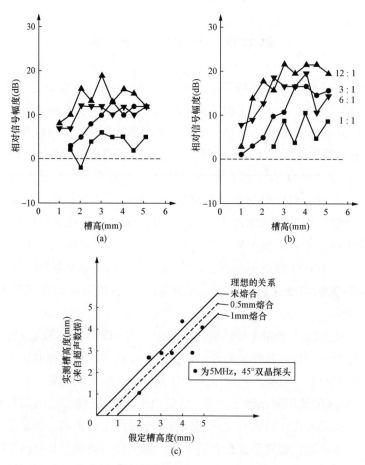

图 1-17　用脉冲回波和单探头路径时间技术测量复合层金属下裂纹的对比图

（a）70°纵波探头，焦距为 18mm；（b）70°纵波探头，焦距为 33mm；（c）单探头 TOFD

一、绕射波技术及 SLIC 换能器组件

在上述的单探头基础上进行改进，用双晶片或双探头，装在一个共同的有机玻璃楔块上。这就是德克萨斯西南研究所开发的专利 SLIC 换能器。SLIC 换能器可以实现裂纹的横波与纵波检查。独立的换能器分别用来发射和接收声波。这种多声束检测和测量方法曾成功地用于核反应堆压力容器工件的在役检验。

SLIC-40 组件只可用纵波发现裂纹。新型的使用纵波和波形转换横波的探头可实现裂纹的尺寸测量。同时使用纵波和横波时，纵波和横波脉冲间距较大，因此会有较好的分辨率。其他还有只采用横波组件的试验方法。

SLIC-50 组件能成功地用于复合金属压力容器的近表面和复合层下疲劳裂纹的测量，此时采用纵波以穿透裂纹，接收到裂纹顶部的衍射纵波和裂纹底部变形横波的衍射波。通过两个脉冲的时间差可推导出裂纹的自身高度。根据探头位置、声波传播路径和传播时间可画出彩色信号振幅图，如图 1-18 所示。两脉冲间的间隔值几乎与探头相对于裂纹的扫查位置无关。

Gruber、Hamlin、Grothues 和 Jackson，在 1986 年实现了 SLIC 组件的自动成像检测，这才真正开启了在役阶段自动检测和评估裂纹的大门。

二、衍射时间数据的 ALOK 评估

ALOK 方法在提取缺陷信息时，可以采用不同的方法来使用路径时间信息。ALOK（Amplitudenund Laufzeit Orts Kurwen，幅值和传输时间轨迹曲线），该方法同时储存常规的 45°、60°或 70°探头的脉冲回波信号或串列扫查信号的振幅和传播时间。用时间区的信息在滤波器上消除噪声信号，以便只保留双曲线的传输时间轨迹曲线。这样可使信噪比降到 20dB（Barbian、Engl、Grohs、Rathgeb 和 Wustenberg，1984 年）。在 ALOK 中用两种方法来再现缺陷。首先，使用脉冲回波信息的几何法。路径时间轨迹假定为一个圆，圆心是声束射入点。其

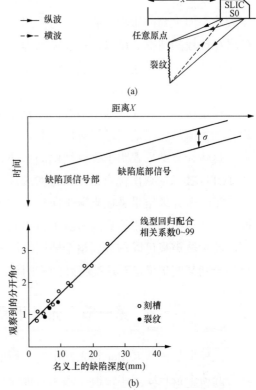

图 1-18　用 SLIC-50 超声探头检测的典型显示
（a）探头结构；（b）数据显示

次就是串列技术，其轨迹是一个椭圆。由扫查探头或工件表面上的探头产生的所有轨迹的交点可生成缺陷的再显示。相反过程也可实现，即将这些轨迹与从假定的缺陷上算得的轨迹相比较，此假定缺陷的参数是变化的，直到完全相符为止。

第二章
TOFD 检测信号的幅度

如前文所述，TOFD 是利用缺陷端部，尤其是裂纹端部的衍射信号进行检测的。虽然 TOFD 检测技术不需要用波幅来测量缺陷尺寸，但超声波信号幅度也应有一定的高度，至少比噪声信号高。因此，TOFD 信号幅度可能受到多种因素的影响，如入射波束相对于裂纹平面夹角的影响、裂纹面与发射、接收探头扭转角度的影响、与常见的小平底孔信号相比较的情况。可以通过建立物理过程的数学模型来解析这些问题。

在本章中通过建立数学模型，将 TOFD 信号与反射信号进行比较。选择数学模型有两个原因：第一，比起采用试块实验模式，数学模型可更容易地改变缺陷参数。第二，数学模型可以更容易地运用多种简单直接的方式将影响结果的因素分开，可根据情况把理论计算值与实验数据进行对比。

这些计算结果表明了裂纹缺陷的形状、大小和方向是如何影响缺陷信号的，也表明了 TOFD 技术的突出优点是：信号对裂纹的方向相对不敏感。

第一个计算结果是在光滑平面裂纹的中心和发射探头、接收探头的中心位于同一平面内，并与检测面相垂直的情况下得出的。但这并非是严格的限制条件，在绝大多情况下，超声波声束可以扫查到整个缺陷区域及工件的所有部位。但有时工件形状会影响声束扫查到某些部位，对这些特殊结构的部件将作专门介绍。

第一节　光滑平面裂纹的 TOFD 信号

此模型是根据 Keller 首先提出的"衍射的几何理论"建立的。几何光学表明，光在均匀介质中按直线定律传播，光在两种介质的分界面按反射定律和折射定律传播。当一束光通过有孔的屏障后，在几何照明区内出现某些暗斑或暗纹，此即光的衍射效应。同样，超声波在缺陷的边缘上（如裂纹边缘）形成衍射，可以用光学理论来处理，用衍射系数来替代反射和发射率。"衍射的几何理论"采用于经典问题相同的解决方法，从展开式推出系数 ka，ka 为任意形状缺陷边缘的衍射波的振幅的负次幂，k 是超声波波矢，a 是散射体特性尺寸。此模式的用途是明显的，如考虑超声波无损检测，典型裂纹尺寸一般要大于 1～2 个波长，常常是更大，这样取 $ka>1$，并且 $ka \gg 1$，因此展开式中只有前几项是主要的，通常第一项展开是一渐近线，很容易给出结果。

一、最佳声束角

通过 TOFD 检测试验，可得到两探头中心线上光滑平面裂纹上端点和下端点的衍射波幅随入射角变化而变化的规律，见图 2-1。从图 2-1 中可看到在声束角约为 75°或以后，分辨率急剧上升，这说明，60°～75°间的声束角可得到好的分辨率和足够的振幅，一般被认为是 TOFD 检测的最佳声束角。

当纵波入射声束与衍射声束之间的角度趋近 180°时，出现振幅的峰值，此时为直通波信号。在其他探头配置中，对于人工切槽，在信号声束角为 60°时有峰值。

二、衍射信号波幅的大小和变化

传统的一些技术，如超声脉冲回波或串联，已能够根据裂纹的镜面反射来进行检测和测量。对于单探头，只能在唯一的角度上发生镜面反射，即在缺陷

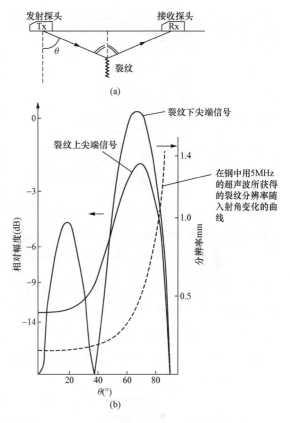

图 2-1　通过 TOFD 检测试验得到的衍射波幅
随入射角变化而变化的规律

上的入射角与反射角相等。实际上，由于有限的孔径及探头的宽频带，以及缺陷的有限尺寸和其不完美的光滑面，此反射将在一个小范围角度内发生，它有一个中心最大值。但是，一旦裂纹的位置稍许偏离了镜面位置，当偏离量增大时，波幅将很快降落。这在图 2-2 中有显示，该图源自 Toft，实验中他用脉冲回波检查圆缺陷，信号强度的实验值随缺陷倾斜与扭转的变化而变化。由图 2-2 可知，缺陷的倾斜或扭转或两者综合作用偏离 15°（缺陷的法线到探头声束轴之间的角度），信号强度比最大值降低 6dB。TOFD 信号在扭转 45°～60°后下降 6dB，而且往往随裂纹倾斜角度的增加而增加。传统超声波检测技术中，当用脉冲回波技术检查一个含有不同角度的缺陷的工件时，为保证足够的灵敏度，就需要用几个不同角度的探头。这就是美国机械工程师协会（ASME）的检查方法的基本原则，它规定采用 0°、45°和 60°探头［ASME，1974，1977，1983］，而且经常要补充 70°的探头。

下面将介绍典型的 TOFD 信号幅度并说明裂纹方向对信号幅度的影响。这个结果由入射声束弹性波能量与椭圆裂纹相互作用的数学模型得出，即将来自椭圆形、光滑和平

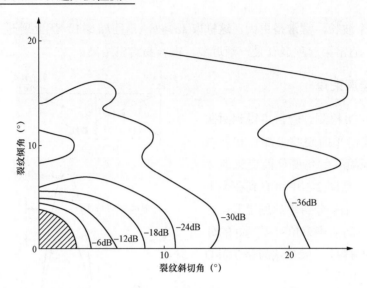

注：阴影区有一比 10% DAC 曲线至少大 36dB 的信号（距离—波幅修正）。其他曲线均以此为基准进行比较。

图 2-2　裂纹倾斜和扭转对脉冲回波检测信号幅度的影响

坦裂纹的端点衍射信号幅度与来自平底孔的信号进行比较的结果。缺陷中心位于信号发射探头和信号接收探头的中间处，如图 2-3 所示，而衍射信号的振幅是裂纹倾斜量的函数。倾斜量 $\varepsilon=0$ 时，相当于图 2-3 中的垂直裂纹。这个人工缺陷的 TOFD 信号的振幅将与此同样探头、同样间距 S 上所测得的平底孔信号相比较，如图 2-3（b）所示。

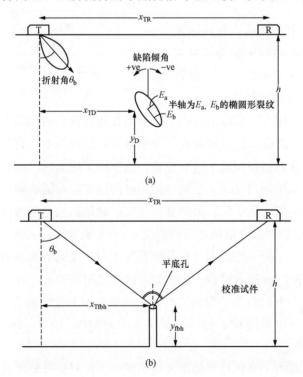

图 2-3　预测 TOFD 对椭圆、平面裂纹的衍射响应所采用的数学模型试件

平面孔的轴假定垂直于检查面，且孔的中心距离表面的位置和深度与椭圆裂纹中心相同。选择此特殊的图形用来比较平底孔上可能得到的最大信号，即与平底孔上的镜面反射信号做校准。

探头声束有一中央最大值，位于和法线成 θ_0 角的检查表面范围内，并以贝塞尔函数分布，形成适宜的圆形活塞源，一些典型的结果见图 2-4。图 2-4 中裂纹采用一种光滑、平面、椭圆形裂纹，壁厚方向上 $2E_a$=24mm，平行于检查表面的长度 $2E_b$=60mm，埋于离检查表面 220mm 的深度处。探头有 24mm 直径的圆平面，工作频率为 5MHz，最大振幅位于行进在离法线 60°至表面范围内。基质材料是均质钢，两探头间距为 762mm。基准参考反射体是 3mm 直径的平底孔。由图 2-4 可知当倾斜值从 $-30° \leqslant \varepsilon \leqslant +30°$ 变化时，衍射信号的变化情况。图 2-4 中有两点需要强调：第一，衍射信号振幅与相同范围的 3mm 平底孔信号幅度相当；第二，缺陷倾斜增大时，信号幅度增加。第二点容易理解，对

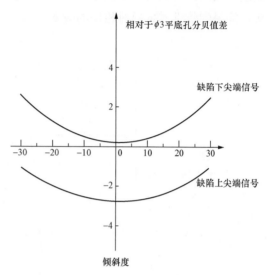

注：校正反射体是在发射探头与接收探头中间位置上、检查面以下 220mm 的一个平底孔，孔的平底平行于检查面。

图 2-4 在检查面以下 220mm、倾斜 24mm×60mm 椭圆缺陷 TOFD 信号的变化

于一个垂直裂纹，衍射信号最小，随着倾斜角增大，衍射信号增大。当 $\varepsilon \rightarrow 90°$ 时，它将成为镜面反射，就像平底孔，两信号的幅度比约等于它们的面积比。对于上述案例中选择的特殊裂纹，当倾斜 90°时，将产生一个 32dB 的最大信号。这个图形中的裂纹最大倾斜至 30°，这些结果也证明 TOFD 技术对裂纹方位相对不敏感。

下面讨论信号随裂纹位置相对两探头位置改变的规律。在图 2-4 中，对上述缺陷即使探头位置从对称情况偏置 30mm，信号与对称放置的 3mm 平底孔信号相比也只下降至 10dB。此种结果也证明了 TOFD 技术的通用性和实用性。缺陷参数不同时，经计算，也被证明跟上述情况类似。

在该模型中，裂纹被看作是材料中的切口，宽度为零且无相互作用面，此处无应力存在。这是一种理想状态，将此状态的预测与试验证据对比，显然是有意义的。试验采用人工槽及实际裂纹。人工槽有 0.5mm 和 2mm 两种宽度，其结果见图 2-5。

图 2-5 上半部分规定了实验的几何布置。来自两人工槽的衍射信号振幅结果在图 2-5 的下方，而且四个裂纹信号的平均振幅变化也在此表示。此模型对于接近镜面即入射角为 90°是无效的，但在其他区域效果相当好。实验中，信号在较大的角度范围内，振幅比预测的稍高，特别是裂纹上端点的衍射，这可能是由于使用的人工槽为钝角造成的结果。按照理论：某一角度时，缺陷下端的振幅将为零，而信号相位改变 π，这个角度根据

材料泊松比而定，在钢中，此角度为 38°。但是，既不是零也不是最小信号能被实验观察到，但记录不了相位的任何改变。由此证明，使用普通宽带、有限大小的探头及人工缺陷来探测此现象是非常困难的；但是，使用激光作为超声波源和电容探头作为接收探头，能得到数学零振幅时相位的改变。

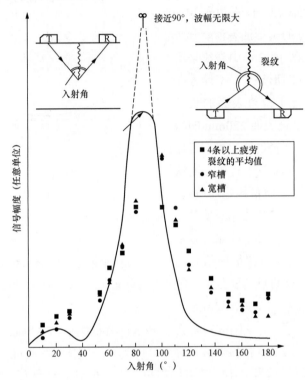

注：实验采用窄槽（0.5mm）和宽槽（2mm）。宽槽理论值被调整到窄槽60°入射角时的同样值。

图 2-5　实验的 TOFD 信号振幅与理论预测比较

用同样的激光技术，对钢块中的人工槽和裂纹的衍射进行详细的分析研究，可解释前述实验中不能检测振幅最小值的原因。使用一个开口的疲劳缺陷，可在 38°上得到一十分清楚的最小振幅，其相位改变了 180°，并在 20°～80°及 120°～160°范围内的所有角度上与理论振幅达到很好的一致。如果缺陷尖是钝的，相位的改变不容易分辨。

三、校正反射体

为了研究 TOFD 几何轨迹及所用到的计算方法，信号是用在发射探头和接收探头之间对称分布及有平坦表面的水平反射体平底孔中进行测量的，因此，用校正反射器就可将最大信号转换到接收探头中。

为将平底孔校准反射体上的信号振幅转变到相对横通孔反射器的测量上，信号强度的差异系数为

$$Signal_{sdh}= Signal_{fbh}+20lg\left[\frac{2\pi a^2_{fbh}}{\lambda\sqrt{ra_{sdh}}}\right]$$ （2-1）

式中 a_{fbh}、a_{sdh}——平底孔与侧钻孔的半径；

$\quad\quad\quad r$——发射探头的范围；

$\quad\quad\quad \lambda$——超声波长。

注意，r 大于校正反射器尺寸，校正值实际上是负数，因此，横通孔的测量值要小于平底孔的测量值。此计算中的典型差值约为 10dB。缺陷信号与平底孔反射信号相比较，其给出的结果可用于脉冲回波技术及 TOFD 技术。

第二节 信号幅度与其他技术所产生的相比较

TOFD 信号与缺陷参数的变化关系，如缺陷的倾斜角或方向。下面将把 TOFD 信号的振幅与传统脉冲回波技术进行比较。

一、缺陷

工件中危害性最大的缺陷是垂直于主应力的裂纹。很多裂纹，如未熔合和某些疲劳裂纹，在超声波检测时被认为特征上都是平滑的，即其粗糙度远小于超声波长。均方根粗糙度小于 $\lambda/20$ 被认为光滑（即可忽略漫射），当粗糙度大于 $\lambda/5$ 时则很粗糙。某些疲劳裂纹面的粗糙度小于 $\lambda/20$，当频率为典型的 2~5MHz 时，此缺陷对超声波信号的影响很小。此种裂纹最简单的数学模式是材料中完全平滑的平面切口。此类型缺陷表面是无应力和非相互影响的。

钢试块中预置了某些规定尺寸的不同类型的缺陷，不同的探头配置可以获得不同的超声波信号。这些实验是为验证理论模型而进行的。所用到的裂纹其壁厚方向上范围是10~25mm，且多数定位在垂直于检查表面的平面内。由于在实验室的实验中，这些检查面是水平的，因而缺陷面是垂直的。有一个缺陷相对垂直方向倾斜了 ±7°。

试块的板厚为 200mm，它可代表压水反应堆中的压力容器。所选的缺陷形状是易于制作的；薄的平行边面状裂纹及薄的圆裂纹。

下将介绍这些不同缺陷类型的超声波信号情况。

二、探头扫查

所选的探头参数为 2MHz，分别在 45°、60° 及 70° 上产生横波（SV）。探头内的晶体为长方形，尺寸为 20mm（宽）×22mm（高）。实际应用中有此类典型参数的探头为：Krautkramer WB45N2、WB60N2 及 WB70N2，它们的近场长度为 90mm，远场分辨率为4mm。45°、60° 及 70° 探头是沿经过缺陷中心的一条扫查线，且在同一垂直于缺陷表面平面上进行脉冲回波扫查。

三、校准信号

缺陷上的信号将与垂直于探头最大声束的 3mm 直径平底孔信号相比较。两种校正计算的几何图见图 2-6。脉冲回波和 TOFD 检查的峰值振幅记录在表 2-1 上。

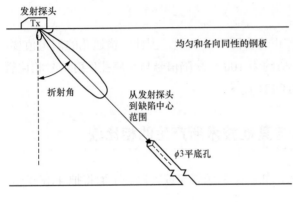

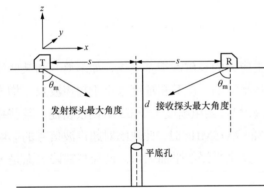

图 2-6　脉冲回波和 TOFD 检查用的校正反射体的几何形状

表 2-1 中，信号振幅的分贝（dB）值是相对于 3mm 直径平底孔信号而言的，这个平底孔与人工缺陷的缺陷中心位置相同，距离检查表面深度也相同。对于 TOFD，校正反射体的平面平行于检查面，面对脉冲回波来说，校正反射体平面是垂直于探头声束中心线的。脉冲回波检查都是 SV 波。

四、脉冲回波法衍射信号的分辨率

对于短脉冲操作，表 2-1 中的信号波幅被认为是适应于部分频谱的信号，且具有最大波幅。这里显示的脉冲回波检测面状和圆裂纹的计算值是在缺陷上以某个角度的镜面反射返回探头的信号，且因为从发射探头到缺陷各端点的声线路径有约 2 个波长的差值，这些观察到的信号将及时分解而不受到干扰。

缺 陷 说 明	技　　术	声　束　角	预测信号振幅	
			顶部	底部
垂直面状、垂直高度 25mm	5MHz TOFD	60°	−18	−22
	2MHz PE	45°	−19	−11
	2MHz PE	60°	−13	−3
	2MHz PE	70°	−6	−1
圆裂纹、垂直高度 25mm	5MHz TOFD	60°	−25	−27
	2MHz PE	45°	−28	−19
	2MHz PE	60°	−20	−10
	2MHz PE	70°	−14	−8

表 2-1　　　　　　　　预测路径时间和脉冲回波振幅

续表

缺 陷 说 明	技　　术	声　束　角	预测信号振幅	
			顶部	底部
圆裂纹、垂直高度 25mm、倾斜 7°	5MHz TOFD	60°	−27	−30
	2MHz PE	70°	−19	−11
圆裂纹、垂直高度 25mm、倾斜 7°	5MHz TOFD	60°	−27	−30
	2MHz PE	70°	−7	−4

五、面状及圆裂纹的脉冲回波检查

首先，考虑垂直高度为 25mm 的面状裂纹的情况，此裂纹位于垂直于检查表面的一个平面内（即一个几何上呈垂直的裂纹），距检测面深度为 82mm，用 2MHz 及 60°横波探头检查，其几何形状与信号幅度见图 2-7。

图 2-7 中，在缺陷下端的衍射信号中出现一个有意义的特点。在两种情况中，探头

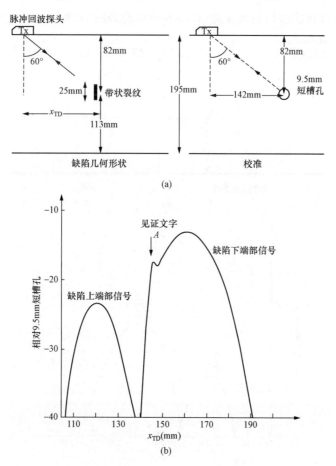

图 2-7　2MHz、60°横波探头对 25mm 高，检查面下 82mm 的垂直
面状裂纹的脉冲回波响应（结果是相对于 100%DAC 的）

到缺陷处的 140mm 范围内，衍射信号有一小的波瓣，图中用 A 标出。在此特殊范围内，对于 60°探头，从探头中心到裂纹尖的波束以临界角来激励此裂纹，θ_C 由 Snell 定律给出

$$\theta_C = \sin^{-1}\left[\frac{C_s}{C_p}\right] \tag{2-2}$$

式中 C_s、C_p——试件中横波和纵波的速度。

对于钢，θ_C 约为 33°，小于临界角时，入射的横波以不同的角度被反射为纵波和横波成分。但超过此临界角时，则反射横波仍然出现，而纵波不能传播即消失了。

对于相同垂直高度的圆裂纹缺陷来说，所有从立面面状缺陷发出的信号均减少 8～10dB。

上述缺陷在垂直方向时不容易被传统脉冲回波检查到。理论上，裂纹应垂直于入射的超声波束，以便能镜面反射回一个大信号至探头中。这样，垂直缺陷就不能很容易被检测到，为证明对此种缺陷的检测能力，应有实验证明来验证这种缺陷的检测能力，而其他位置的缺陷更易于检测。对于 V 形焊缝里的缺陷，最可能发生缺陷的位置是从垂直位置倾斜一个符合焊接坡口的倾角处。图 2-8 显示的是用 70°探头对此种倾斜缺陷所做的

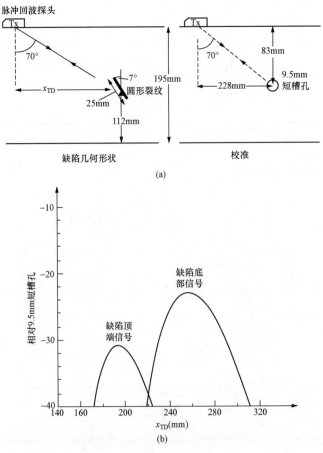

图 2-8   2MHz、70°横波探头检测垂直面倾斜 7°的 25mm 直径圆裂纹的
脉冲回波波幅（信号振幅是相对于 100%DAC 的）

检查结果。此缺陷是一直径为 25mm 的圆裂纹缺陷，它相对垂直面倾斜 7°。对此缺陷的预测信号见图 2-9，它们分别代表了相对倾斜程度为顺向及不顺向的扫查。顺向上的峰值信号仍然只有–4dB，这是与 3mm 直径平底孔信号相比得出的。对此种缺陷，最大脉冲回波信号为 25dB，此时缺陷倾斜值为 20°，即垂直于 70°探头的声束，且声束中心直接在缺陷中心上。

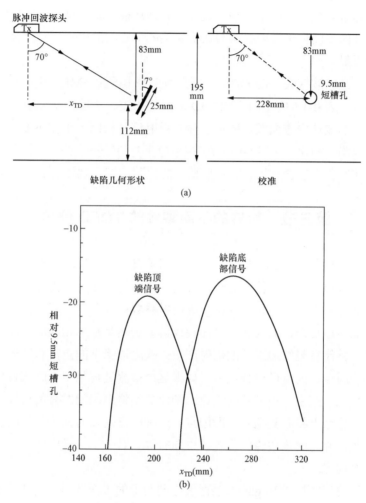

图 2-9　2MHz、70°横波探头检测垂直面倾斜 7°的 25mm 直径圆裂纹的
脉冲回波波幅（信号振幅是相对于 100%DAC 的）

六、面状裂纹及圆裂纹缺陷的 TOFD 信号

为了对典型缺陷 TOFD 的信号与脉冲回波信号做对比，列出了对同一缺陷的两种方法检测结果。因为这两种技术不能采用同一种探头，所以必须做一些假设。在前面的脉冲回波检测计算中，当在缺陷上扫查时，从缺陷的上端部和下端部产生一个最佳信号而与缺陷深度是完全无关的（当此缺陷被移至靠近探头，使信号较强时则除外）。但 TOFD

的探头配置来说，对一特定的缺陷深度，探头确实被优化了。因为它们属于串联技术——这是两探头技术的特点。因而，假定发射探头及接收探头的声束中心线，在等于缺陷中心的深度上相交。其他假定也将等同有效，例如，假定两声束中心线既在缺陷顶部又在底部相当的深度上相交。在不特别强调 TOFD 信号灵敏度的情况下，现在的假设是公平的。

校正反射体是一个 3mm 直径的平底孔，它是从板底垂直钻至孔底面缺陷中心深度上。校正反射体的平面位于发射探头与接收探头的中心线的中点，这就为校正信号提供一个理想镜面反射。

使用的探头是纵波探头，在 60°角（最大声束）上产生 5MHz 超声波。探头是直径为 25mm 的晶片。表 2-1 中给出了和 TOFD 波幅的比较。从这些结果中，看出 TOFD 的信号振幅和脉冲回波法中方向较差的反射体的反射信号相比大小差不多，即与用 45°探头探测一垂直缺陷的相比，比用 60°或 70°探头检测时信号小一些。这就是对于脉冲回波检查来说，检测工艺中应含有用较大角度探头的检测，以得到较大的信号强度。

第三节　扭转的平面裂纹的 TOFD 信号

当缺陷不位于与发射探头和接收探头连线相垂直的轴上，或者缺陷不在探头的扫查线正下方时，则预测超声回波信号是较困难的。这个问题变成了内部的三维问题，需要有三维衍射系数，由于三维衍射系数比两维衍射系数更复杂，本书不做详细论述。尽管其数学计算方面更加复杂，但与光滑平面裂纹模型仍然是基本相同的，能量沿有衍射系数的射线传播，并伴有裂纹边缘处的衍射产生。缺陷边缘上的点，有助于在某个位置上进行观察则称为闪点。闪点可以描述为：如果这个检测过程是用人眼代替接收探头光线可见的，那么用探头产生一铅笔状的光束；则此缺陷将由闪闪发亮的边缘和透明的平面组成。在缺陷的边缘上将看到亮点，即闪点。此种闪点是发射探头和接收探头相对缺陷中心位置的函数，并与缺陷边缘的位置及方向有关。对于一个椭圆边，如光波保持了单一模式则有四个闪点。

如果发生了波形转换或 Ragleigh 表面波在裂纹上的多面散射，则从单个缺陷边上可以看到许多信号。

对于一个没有倾斜角的面状裂纹缺陷，即缺陷位于一个垂直于检测面的平面内，但此缺陷对垂直于检查面的平面（发射探头和接收探头连线形成的立面）有扭转，则信号幅度是扭转角的函数，对于探头入射角为 20°和 65°之间的情况，这种函数已经得到了计算。扭转角至 60°对 TOFD 信号强度只有很小影响。当扭转接近 90°时，则从下端点来的信号幅度降至零，而此时从上端来的信号则很微弱。

对于上述结果，实验进行了对比，在平板上用电火花在宽度方向上加工槽，槽的深度至板厚的一半。此人工槽宽为 0.4mm，下端有一个半圆尖。当扭转角增至 30°时，TOFD 信号振幅只下降 1dB。这些结果与理论预测的对比见图 2-10。

　　虽然这里只讨论了单独扭转或倾斜的情况，同时出现两者情况的情形没有提到，但即使同时出现扭转和倾斜，作为两角度的函数响应面是很光滑的，所以一般的结论都是有效的。精确确定裂纹垂直高度的能力及 TOFD 对缺陷方向的不敏感，这些优点表明了 TOFD 技术有显著的用途。

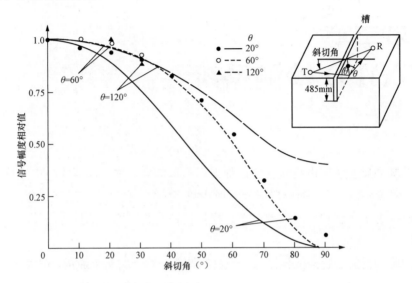

注：不倾斜的面状裂纹，厚度方向尺寸为 48.5mm。图中的点表示实验值，线则为根据衍射几何理论的预测值。

图 2-10　裂纹扭转对 TOFD 信号的影响

第三章
TOFD 检测系统

早期的脉冲反射法超声波检测仪，都采用模拟信号，称为模拟式超声波检测仪，简称模拟机。随着科技进步，把模拟信号转换成数字信号，便产生了数字式超声波检测仪，简称数字机。为了实现超声波检测，无论模拟机还是数字机，都具备信号采集和显示等基本功能。

常规的脉冲反射法超声波检测仪，一般都具备一发一收两个通道，但大多数情况下，都采用单探头在其中一个通道上，同时实现超声波信号的发射和接受。模拟机一般不能记录超声波信号，而数字机虽然把模拟信号转换成数字信号，实现了数据记录和存储，但一般的数字机也只能简单记录闸门范围内超过所定义阈值的峰值信号，而且也无法确定信号与被检工件位置的对应关系。

TOFD 检测同时采用一发一收两个探头，扫查过程中，两个探头横跨在被检工件（如焊缝）两侧，且其相对位置固定、同步移动，在 TOFD 仪器上接收到 A 扫描信号的同时，形成相应的 B 扫描（或 D 扫描）图像。扫查开始前设置起点位置，扫查过程中编码器记录探头移动的距离，扫查结束后保存扫查图像。利用仪器自带的在线分析软件，可调用 B 扫描（或 D 扫描）图像，对检测结果进行初步分析，软件中的数据指针放在图像中的任意位置，其对应的 A 扫描图像都可在仪器上显示出来。发现缺陷信号，利用数据指针和测量指针，可测量缺陷的自身高度、长度及缺陷到扫查起点的距离。

因此，与传统的脉冲反射法超声波检测设备相比，TOFD 检测设备除了具备数据采集和信号显示的基本功能外，还具备更加强大的信号转换、数据存储和数据分析的功能。

第一节 检 测 基 础

一、模拟信号的数字化

把模拟信号转变成为数字信号，就可以利用计算机系统进行处理并储存。在需要的情况下，可以对储存的原始检测数据进行调用和分析。结合 TOFD 检测对缺陷尺寸测量精度高的优势，比较不同时期对同一缺陷的检测结果，可以对缺陷的扩展情况进行监测。与传统的脉冲反射法超声波检测相比，这是 TOFD 检测的显著优势。

把模拟信号转变为数字信号，称为模拟信号的数字化。这个转换过程，习惯上称为模数转换，简称 A/D（Analog to Digital）转换。用于实现模数转换的设备称为模数转换器，简称 A/D 转换器。模数转换过程包括采样、量化和编码。

1. 采样

模拟信号是时间和幅值都连续的信号，而数字信号是时间和幅值均离散的信号。采样是对模拟信号按照一定的时间间隔进行扫描取样，把时间的连续信号转变成时间的离散信号，采样也称作时间量化，如图 3-1 所示。

对模拟信号进行采样的时间间隔称为采样周期，用 t_s 表示。t_s 的倒数即为采样频率，用 f_s 表示，则 $f_s = 1/t_s$。采样频率 f_s 表示单位时间内对模拟信号采样的次数，单位为 Hz。f_s 不是随意选取的，必须满足一定的条件，即采样定理。

模拟信号可以分为低通信号和带通信号。假设模拟信号的频率范围为 $f_L \sim f_H$，则带宽 $B = f_H - f_L$，如果 $f_L < B$，则该信号为低通信号；如果 $f_L \geqslant B$，则该信号为带通信号。低通信号的采样定理表述为：对于一个频率范围在 $f_L \sim f_H$ 之间的低通信号，必须以 $f_s \geqslant 2f_H$ 的采样频率对其进行均匀采样，才能重建原始信号而不失真。该定理又称为奈奎斯特（Harry Nyquist）定理或香农（Claude Elwood Shannon）定理。在超声波检测中，对模拟信号的采样频率 f_s 一般取 $5f_H \sim 10f_H$。

一个低通信号经过采样以后，保留了原始信号的频谱。但原始信号的频谱还将沿着频率轴，按照采样频率 f_s 发生周期性平移，产生以 f_s、$2f_s$、$3f_s$、$4f_s$…为中心频率的频谱，如图 3-2 所示。所以，对于频率范围在 $f_L \sim f_H$ 之间的低通信号，如果 $f_s < 2f_H$，采样后平移的频谱分量将会互相重叠。有些频率成分的幅值就将与原始信号不同，在重建原始信号的过程中就会失真。频谱重叠的现象称为混叠现象。

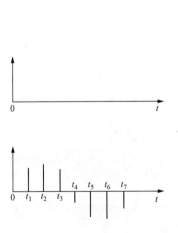

图 3-1 模拟信号的采样

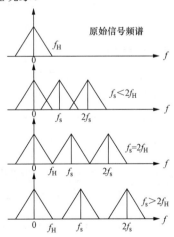

图 3-2 采样频率的选择

所以，为了避免混叠现象的发生，低通信号的数字化采样频率应取 $f_s \geqslant 2f_H$。同时，在进行 A/D 转换之前，还要对模拟信号进行低通滤波处理，滤掉所有频率高于 $f_s/2$ 的信号。

对一个频率范围为 $f_L \sim f_H$ 的带通信号进行均匀采样，要保证原始信号重建且不失真，其采样频率 f_s 应满足

$$f_{s\min} = 2f_{L/n} - 2(mB + nB)/n - 2B\left(1 + \frac{m}{n}\right)$$

$$m = [f_2/(f_H - f_L)] - n, 0 \leqslant m < 1$$

式中，n 是不超过 $f_L/(f_H - f_L)$ 的最大正整数。

2. 量化

模拟信号经采样以后，在时间上是离散的，但它的幅度仍然连续，在一定范围内仍可以任意取值，计算机中有限位数的数字信号无法精确地表示它。为了能够让计算机进行处理，还必须对采样后的信号进行量化处理。所谓量化，就是用预先规定的有限个量化值（量化电平），将采样后的信号幅值划分成若干个区间，每个区间内的信号幅值都采用一个与其最接近的量化值来代替，简单地说，就是将采样电压转换为某个最小单位（量化单位）的整数倍。

为了对采样信号进行量化，将信号幅值等分成若干个区间，每个区间的高度定义为量化单位，以 q 表示。对于那些正好位于量化区间端点上的离散值，将被直接转换成数字值。而位于区间内的离散值，有两种处理方式：一种是"只舍不入"法，即在各量化区间内信号幅值小于量化单位 q 的部分一律舍去；另一种是舍入法，即"有舍有入"，把该离散值归算到最接近的量化电平上。目前大部分 A/D 转换器都采用舍入法。如图 3-3 所示，用舍入法处理后，t_1 采样点实际幅值 q_x 用量化值 q_7 代替，$|q_x - q_7|$ 称为量化误差。而采用只舍不入法处理后，其量化值为 q_6，量化误差为 $|q_x - q_6|$。很显然，与只舍不入法相比，采用舍入法所造成的量化误差相对较小。

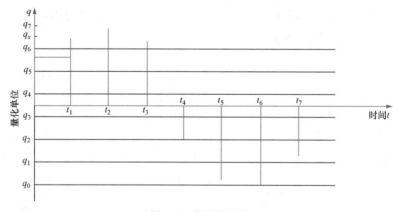

图 3-3　信号的量化

q_n ——量化电平

为了便于说明问题，图 3-3 中选择的量化单位较大。如果缩小量化单位、增加量化级数，就可以减小量化误差。另外，由于人的视觉分辨能力有限，当量化级数增加到一定程度时，就无法分辨经量化并重建的信号与原始信号之间的差异。一般来说，量化误

差与信号处理过程中的其他误差相比，可以忽略不计。

3. 编码

所谓编码是用二进制码组表示有固定电平的量化值，即每个量化电平都用一组二进制数组表示。实际上编码是在量化过程中同时完成的。

用于表示每个量化结果的二进制码的位数称为量化比特（bit）数。量化级数 N 和量化比特数 n 的关系为 $N=2^n$。图 3-3 中，采用了 8 个量化电平，即量化级数 N 为 8 级，量化比特数 n 为 3。当 $n=3$ 时，3 位二进制码就有 8 种不同的组合：000、001、010、011、100、101、110、111，代表 8 种不同的量化状态（$N=8$）。表 3-1 是以自然二进制码对 8 种量化结果进行的编码。

表 3-1　　　　　　　　　以自然二进制码对 8 种量化结果进行的编码

量化级编号	采样脉冲极性	自然二进制码
7	正	111
6		110
5		101
4		100
3	负	011
2		010
1		001
0		000

结合表 3-1 的编码方法，很容易得出图 3-3 中各采样点的编码结果，见表 3-2。

表 3-2　　　　　　　　　图 3-3 中各采样点的编码结果

采样时间点	t_1	t_2	t_3	t_4	t_5	t_6	t_7
舍入处理后的量化电平	q_7	q_7	q_6	q_2	q_0	q_0	q_1
编码结果	111	111	110	010	000	000	001

二进制码的位数即比特数 n 与可区分的状态数即量化级数 N 有确定的关系，其对应关系见表 3-3。

表 3-3　　　　　　　　　比特数 n 与量化级数 N 之间的对应关系

比特数 n	量化级数 $N=2^n$	二进制码组
1	2	0，1
2	4	00，01，10，11
3	8	000，001，010，011，100，101，110，111
4	16	0000，0001，0010，…，1101，1110，1111
5	32	00000，00001，00010，…，11110，11111
6	64	000000，000001，000010，…，111111
7	128	0000000，0000001，0000010，…，1111111

续表

比特数 n	量化级数 $N=2^n$	二进制码组
8	256	00000000, 00000001, 00000010, …, 11111111
9	512	000000000, 000000001, …, 111111111
10	1024	0000000000, 0000000001, …, 1111111111
11	2048	00000000000, 00000000001, …, 11111111111
12	4096	000000000000, …, 111111111111
13	8192	0000000000000, …, 1111111111111
14	16384	00000000000000, …, 11111111111111
15	32768	000000000000000, …, 111111111111111
16	65536	0000000000000000, …, 1111111111111111

目前的 A/D 转换器大多采用 8 位、10 位或 12 位的二进制数来表示量化电平，即比特数 n 分别为 8、10、12bit，其对应的量化级数 N 分别为 256、1024 级和 4096 级。这样，A/D 转换器的量化误差都非常小，经量化并重建的信号与原始信号之间的差异将难以分辨，如前所述。

二、检测过程中数据采集量

采样频率为 f_s，比特数为 n，则采样数据量为 nf_s（bis/s）。一般计算机以 8 位二进制数为一个字节（byte），那么数据采集量 M 为：$M=nf_s/8$（byte/s）。

假定超声波探头的回波主频率为 5MHz，频率范围是 $2.5\sim7.5$MHz，则 $f_L=2.5$MHz，$f_H=7.5$MHz，其带宽为：$B=f_H-f_L=7.5-2.5=5$MHz，因为 $f_L<B$，所以回波信号属于低通信号。根据采样定理，采样频率 f_s 应不低于 $2f_H=2\times7.5=15$MHz，采用最高频率分量 8 倍的采样率，即 $f_s=8f_H=8\times7.5=60$MHz；若采用 10bit 的 A/D 转换器，则每个回波信号的数据采集量 $M=10\times60/8=75$Mbyte/s。如果回波信号的时间长度为 10μs，则数据采集量 $M=75\times10^6\times10\times10^{-6}=750$byte。假定被检焊缝的长度是 10m，沿着焊缝长度方向扫查，每毫米采集一个 A 扫描，那么其数据采集量 $M=750\times10\times10^3=7.5$Mbye。

每个 A 扫描文件的数据量都会稍微大于理论计算值，因为它还包含检测参数信息、文件格式信息等。

三、B 扫描和 D 扫描的灰度成像

TOFD 检测中的超声波模拟信号，经过数字化处理后，转换成数字信号，储存在计算机上。所储存的信息是一串数字，利用这些数字，能够重建 A 扫描；也可以通过连续的 A 扫描图像叠加，来构建 B 扫描和 D 扫描的灰度图像。

在讨论 B 扫描和 D 扫描之前，应明确两个概念：平行扫查和非平行扫查。例如，TOFD 检测焊缝时，沿焊缝长度方向进行扫查时，探头组的移动方向垂直于超声波波束方向，

这种扫查方式叫非平行扫查；为了精确测量缺陷高度，需要做垂直于焊缝方向的扫查，此时探头组的移动方向与波束方向平行，这种扫查方式称为平行扫查。

为了实现 TOFD 检测，当探头沿工件表面移动时，有必要记录 A 扫描数据并以合适的方式显示出来。在一发一收探头组主声束所经过的路径上定义一个截面，对这个截面上所产生的 A 扫描信号，根据其电压幅值的大小，以不同的色度（目前的检测设备一般选用灰度）标识并在计算机显示器上显示出来，如图 3-4 所示。当探头持续移动时，检测系统根据设定的规则，连续记录不同截面上的 A 扫描，并以不同的色度显示出来，如此形成了连贯的图像。

B 扫描信号和 D 扫描信号分别是由平行扫查和非平行扫查时的连续 A 扫描信号叠加而成的。B 扫描和 D 扫描是以灰度图像的方式在计算机上显示，图像上，横轴一般表示探头在工件上的移动距离，纵轴一般表示反射体深度，如图 3-5 所示。

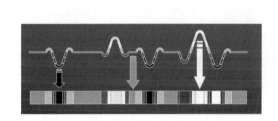

图 3-4 由 A 扫描转换成的灰度图像

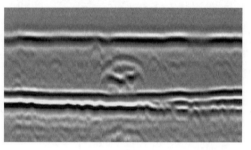

图 3-5 B（或 D）扫描的灰度图像

用上述方式所显示的信号是三维的，即电压、位移和时间。电压即代表回波信号的幅值，在图像上以不同的灰度值所对应的不同的 A 扫描幅值来表示；位移是相对于扫查起点的位置；而时间对超声波来说就意味着声程（将被折算成深度）。

四、信号的平均化处理

与常规的超声反射波信号相比，衍射信号非常微弱。试验表明，面积型反射体的横波反射信号要比该反射体尖端的衍射波信号强度高 30dB 左右，因此 TOFD 检测时放大器所需放大倍数，至少应该比横波检测所需放大倍数高 30 倍以上（1030/20=31.6）。为了显示衍射波信号，需要检测系统有很高的信号放大能力。但是，提高信号处理的放大倍数，噪声信号的幅度也会提高，无法提高信噪比 SNR（Signal to Noise Ratio），同样会导致衍射信号难以识别。为此，需要采取一定的措施，提高衍射信号幅值，并抑制噪声信号，以提高信噪比 SNR。

噪声通常是由系统自身的随机电信号造成的，可以通过对其进行平均处理，来提高信噪比 SNR。平均技术的目的是提取目标信号，目标信号可以强于噪声信号，也可弱于噪声信号。

需要提取的目标信号为缺陷的衍射波信号。与随机产生的电噪声信号相比，缺陷反馈的衍射信号比较稳定。而电噪声信号是系统自身的随机电信号，与缺陷的衍射波信号不相干，其出现的概率呈正态分布（即高斯分布），且方差$\mu=0$，均值$\sigma_2=1$，即呈标准正态分布。所以，可以对 TOFD 检测的信号进行平均处理。对信号进行 N 次平均处理后，衍射信号的幅值是 N 次信号的幅值相加，并将结果除以 N。而对于噪声信号，因为其出现的位置不固定，被 N 次平均以后，幅值明显降低，系统的信噪比 SNR 提高了 n 倍。图 3-6 显示了 5 个信号被平均处理后的效果，其中包括一个稳定信号和多个随机噪声信号。从图 3-6 中可以看出，经过平均处理，稳定的信号被保留，而随机产生的噪声信号明显减弱。

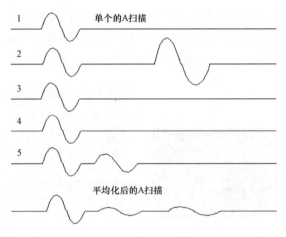

图 3-6　信号平均处理原理示意图

　　信号平均可以在数字转换器单元很快完成，但目前经常使用计算机软件来完成个这工作。系统所允许的平均次数一般是 2 的倍数，最大是 256。常用的典型数值是 $N=16$，

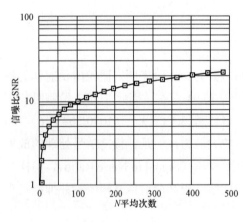

图 3-7　信噪比与信号平均次数 N 的关系

可以使信噪比 SNR 提高 4 倍，即 20lg4=12dB。如果信号噪声非常严重，则平均次数 N 需要增加到 256，但是信噪比也只能提高 16 倍，即 24dB。因此增加信号的平均次数并不能使信噪比 SNR 线性增加。信噪比 SNR 与信号平均次数 N 的关系，如图 3-7 所示。

　　TOFD 检测时，要采集合格的衍射信号，设置信号平均非常重要。但是，需注意：信号平均处理的前提条件之一是，噪声信号与目标信号不相干。如果噪声信号与衍射波信号相关而不是随机产生的，那么信号平均就没有意义。例如，在奥氏体钢焊缝或铸件等粗晶材料中，晶界产生的散射与衍射回波信号是相干的，所以不能通过简单的信号平均来提高信噪比。

五、脉冲宽度控制

超声波探头的压电晶体材料由于电压脉冲信号的激励发生振动，产生超声波脉冲信号。虽然负尖波电脉冲也可以产生超声波，但是方波表现出更好的可控性和调谐性：一次方波激励使超声波探头产生两次振动，调节激励方波的宽度，可以使两次振动因叠加、干涉而增强或减弱。

方波脉冲的电压上升沿和下降沿都能使压电晶片产生振动，产生超声波信号，如图3-8 所示。但是所产生的超声波振动的相位却是反相的，两者相差 180°，将互相干涉。

控制激励脉冲的宽度，对 TOFD 检测非常重要，它有助于优化超声波信号的形状，从而保证 TOFD 系统具有较高的检测分辨力和检测精度。改变方波脉冲的宽度，可以控制所激发的超声波在不同周期中振动减弱或增强。如果两个超声波脉冲组成一个单一频率，方波脉冲的宽度设置为该频率周期的一半时（例如，频率为 5MHz 时，其周期是

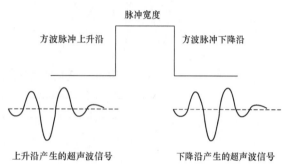

图 3-8　方波脉冲对压电晶片的作用

200ns，方波脉冲宽度设为 100ns），两个超声波信号发生干涉后，其合成信号将会增强，但是余波也会变长。如果方波脉冲的宽度设置为该超声波频率的一个周期（频率为 5MHz时，设置为 200ns），则一个周期后，两个超声信号反相，其合成信号的振幅减弱；但是余波振动也将减少，可分辨的周期数明显减少，如图 3-9 所示。

超声波脉冲宽度等于脉冲周期数与单周期脉冲长度的乘积。周期数减少，意味着脉冲宽度减小，相应的频带宽度增大。宽频带、窄脉冲的超声波信号有较高的检测分辨力，这一点对 TOFD 检测至关重要。

事实上，每个探头都有一定的频率范围，探头上所标称的频率只是其中心频率（如图 3-12 中的 f_0 所示）。在实际应用中，为了获得最佳的激励脉冲宽度，应进行如下试验：将底面回波信号设置为显示屏满屏高度的 60%，从探头中心频率的一个周期开始校准脉冲宽度。但是，有时会因为探头频率范围较大，激励脉冲的宽度对波形的影响并不大。

图 3-8 所示的方波脉冲的波形属于理想波形，其电压上升和下降的时间均为 0。实际上，方波脉冲发生器所产生的电压通常采用负电压，而且电压幅值也不可能立即上升或下降，因为从一个电平变化到另一个电平都需要一定的时间。一般把脉冲前沿的电压幅度从其峰值幅度的 10% 上升到 90% 所需的时间称为脉冲的上升时间，如图 3-10 中的 t_r 所示，脉冲的下降时间则相反。脉冲宽度是脉冲幅度高于峰值幅度 10% 的时间间隔，如图 3-10 中的 t_d 所示。

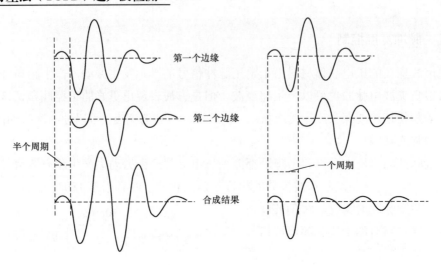

图 3-9　不同激发脉冲宽度的作用效果

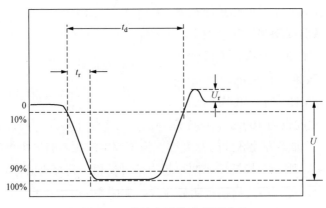

图 3-10　方波电压脉冲实际波形

　　脉冲的上升和下降时间越短，激励压电晶片所产生的超声波脉冲就越窄，相应的频带宽度也越大。激励脉冲的上升和下降时间，都将影响超声波脉冲波形和 TOFD 检测分辨力，因此，要求尽可能短。

　　一般要求，TOFD 检测系统的方波脉冲上升时间，应小于可能使用的最高标称频率探头周期的 0.25 倍。例如，采用 10MHz 的探头，其周期为 100ns，则方波脉冲的上升时间应小于 25ns。

第二节　TOFD 检测系统

　　TOFD 检测设备和器材包括主机、探头、楔块、扫查装置、附件和试块等，这些检测设备与器材是构成 TOFD 检测系统的基本单元。

一、系统构成

　　TOFD 检测系统组成部分有发射系统、接收系统、从模拟到数字的信号转换系统、数字信号处理系统、固定探头组和编码器的扫查装置、检测所需的附件如前置放大器、探头楔块、连接线、电源、试块等。图3-11是一个典型的TOFD检测系统。

二、主机设备

主机设备包含了TOFD检测系统中的发射系统、接收系统、从模拟到数字的信号转换系统、数字信号处理系统四项内容，但是其数字信号处理系统中的在线分析软件与专业的离线分析软件相比，功能相对简单。

在TOFD检测的主机设备中，超声波信号的发射和接收系统与传统的

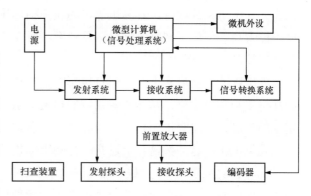

图3-11 典型的TOFD检测系统

模拟式超声波检测仪一样，包括发射电路和接收电路两个部分。发射电路触发电脉冲，激励探头晶片振动，发出超声波。接收电路接收来自探头的电信号，为了消除电噪声同时提高有用信号的强度，接收电路需要加入滤波器和信号放大装置。由于TOFD检测多采用衍射信号，与反射信号相比，衍射信号很微弱，所以必要时，还可以在接收信号的电缆上，另外加装一个前置放大器，其连接位置应尽可能地靠近接收探头。为了减少电噪声的影响，前置放大器一般采用电池供电，而不采用与数据采集系统相同的外接电源。一般前置放大器应能够提高30~40dB的系统增益。

在TOFD检测主机设备中，从模拟信号到数字信号的转换系统与传统的数字式超声波检测仪一样，通过模数转换器即A/D转换器，把来自接收探头的、经过放大和滤波的电信号转换成数字信号，直接实现信号的显示、储存和后续处理。

TOFD检测设备中，数字信号的处理、显示和储存系统跟传统的数字式超声波检测仪相比，要复杂得多。TOFD检测不仅要显示A扫描信号，还要结合编码器的行程显示B扫描（或D扫描）图像，而且B扫描（或D扫描）图像上的任一像素点都对应一个不检波的A扫描信号。所以，其数据处理量比传统的数字式超声波检测仪要大得多。一般单片机的数据处理能力已无法满足要求，TOFD检测设备多采用内置的微型计算机进行数据处理。该微型计算机的通信接口和操作系统（如Windows），可连接和控制常用的计算机辅助设备，如键盘、显示器、鼠标、存储器、打印机等。TOFD检测的数据处理量很大，其相应的数据存储量也很大，一般需要外置的存储器。

通过以上介绍可以发现，跟传统的模拟机相比，TOFD检测主机设备经过模数转换器以后，直接以数字信号的方式在显示屏上显示相关信息，因此不再需要扫描电路和同步电路，发射电路和模数转换器的同步控制由微型计算机通过程序来完成。

主机设备的主要性能如下。

（1）发射系统的主要性能指标包括脉冲幅度、脉冲宽度、电压脉冲的上升时间、脉冲频谱和脉冲重复频率（PRF）等。

脉冲幅度即发射脉冲的电压幅度，如图 3-10 中的 U 所示，将影响其激励探头所产生的超声波能量，电压越高，激励产生的超声脉冲能量就越大。TOFD 检测经常采用高频探头，其压电晶片很薄，容易破碎，为避免损坏压电晶片，需要控制发射脉冲的电压幅度不能太高，但为了同时兼顾检测灵敏度，所以 TOFD 检测系统发射电路的脉冲电压幅度一般控制在 100～400V 之间。

电压脉冲的宽度和上升时间直接影响超声波脉冲信号的质量，即影响超声波信号的脉冲宽度和频带宽度，从而影响系统的检测灵敏度和分辨力，关于这一点，在前面脉冲宽度的控制一节已有说明。

发射电压的脉冲频谱与上述几个性能指标相关。

脉冲重复频率（PRF）是单位时间内电压脉冲激励探头晶片发射超声波脉冲的次数。超声波检测时，要保证超声波声束扫查到应检部位的全部体积。但是，超声波信号是由发射电路中的电压脉冲激励探头晶片所产生的，所以超声波信号也是脉冲信号，是间断发射的。因此，如果电压脉冲的脉冲重复频率（PRF）太低，探头移动速度过快，就可能漏检。实际检测时，脉冲重复频率（PRF）一般不低于 40Hz。另外，对于早期的模拟式超声波探伤仪，荧光显示屏的亮度需要有一定的电子扫描频率来维持，脉冲重复频率（PRF）过低会造成显示屏变暗，从而影响人眼的识别灵敏度。然而，脉冲重复频率（PRF）并非越高越好，脉冲重复频率（PRF）过高，将会导致不同脉冲信号间相互干扰，产生"幻象"波。脉冲重复频率（PRF）过高，仪器的功耗也将增大。

在主机设备的性能指标中，一般会给出脉冲幅度、脉冲宽度、脉冲上升时间和脉冲重复频率（PRF）。

（2）接受系统的主要性能指标包括放大器的频率响应、衰减器误差、有效增益范围、噪声电平、垂直线性等。

频率响应又称接收电路频率带宽，是指信号频谱高低截止频率即频带的上下限频率

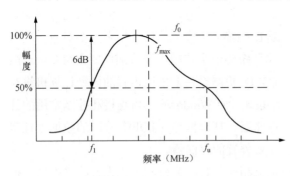

图 3-12　频谱分析示意图

之间的宽度，常用的截止频率是频谱图上比峰值频率低 6dB 或 3dB 的频点，$-6dB$ 频带的上、下限频率见图 3-12 中的 f_1 和 f_u。图 3-12 中 f_{max} 为峰值频率。频率响应表示放大器增益随输入信号频率变化的关系。接收电路的频带宽度范围应包含探头的频带宽度，才能保证信号波形不失真。一般要求接收电路频率带宽应大于或等于探头频率带宽，其他 6dB 带宽应为探头标称频率的 0.5～2 倍。

衰减器误差反映衰减器读数变化与信号幅度变化之间的对应关系。作为主机设备的一种重要技术指标，一般要求在任意连续 20dB 量程内，衰减器累积的最大误差不超过 1dB；在任意连续 60dB 量程内，衰减器累积的最大误差不超过 2dB。衰减器误差直接影

响系统的检测灵敏度。

有效增益范围是指仪器能显示的最大信号幅度与最小信号幅度的比值，最小信号可能受系统的噪声限制，最大信号可能受放大器的饱和限制或显示屏上能够显示最大信号的限制。该指标反映系统对信号的放大能力，它将影响系统的最大使用灵敏度。TOFD 检测系统多采用增益型衰减器，一般要求其有效增益范围不小于 100dB。

TOFD 检测系统中的噪声电平和垂直线性与常规超声波检测仪器的概念相同，这里不再赘述。

（3）信号转换系统的主要性能指标包括数字化采样率、采样位数（即比特数）、采样误差、时基线性误差、仪器的响应时间等。

一般要求 TOFD 检测系统的数字化采样率不低于探头标称频率的 6 倍，TOFD 检测所采用的探头频率范围通常在 2.5～15MHz，因此 TOFD 检测系统的数字化采样率应不低于 90MHz，在目前的技术条件下，很容易实现。

采样误差是指模数转换器在周期性采样过程中产生的输入信号的显示幅度误差，在模数转换的各个环节都会产生误差。所以主机设备在出厂前，一般要测试采样误差，以检验仪器在其带宽范围内对最高频率的信号是否能够正确地在显示屏上显示出来，一般要求信号幅度的变化量不大于 5%。

时基线性又叫水平线性，是指输入到仪器中不同回波的时间间隔与显示屏时基线上所显示的回波间隔成正比的程度。主机设备出厂前一般要测试时基线性误差，其测试方法与模拟式超声波检测仪不同。标准的测试方法是通过信号发生器提供若干等间距的正弦波脉冲串作为测试信号，比较仪器显示屏时基线上测试信号所显示的位置偏差。一般要求时基线性误差不大于 0.5%。

仪器的响应时间是指仪器从检测到信号至显示其峰值幅度 80%所需要的时间。仪器的显示屏都有一个限定的刷新率，并且这个刷新率可以不与发射电路中的脉冲重复频率相匹配，因此仅在很短时间里测出的瞬时回波可能无法在显示屏上完全显示其幅度。主机设备出厂前一般要测试其响应时间，测量从发射脉冲开始触发测试信号闸门至结束触发测试信号闸门，仪器再次开始发射脉冲的时间，即为仪器的响应时间。

（4）信号处理系统应能同时提供射频（RF）A 扫描显示和以灰度或彩色表示幅度的连续而完整的 B（D）扫描显示，并能以不可更改的方式进行存储和硬拷贝。仪器软件应具备基本的数据分析功能，至少包括图像比度调节、数据局部缩放、缺陷高度和长度方向的起止位置测量及相应图像的输出功能。

三、探头和楔块

TOFD 检测采用纵波法探伤。纵波探头需要配置一定角度的楔块，以改变纵波入射角，实现对焊缝的扫查。连接探头和楔块时，需要添加耦合剂。图 3-13 是一组典型的 TOFD 探头和楔块，图 3-13（b）显示了探头和楔块的连接方法。

进行 TOFD 检测时，一般采用两个探头，同时配备两个楔块，组成探头组，采用一

衍射时差法（TOFD）超声波检测

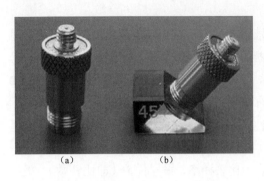

图 3-13 典型 TOFD 探头和楔块

发一收模式进行探伤。一般要求，单个探头实测中心频率与公称频率差值应不大于 ±10%。一个探头组中的两个探头应具有相同的晶片尺寸和公称频率，两个探头中心频率误差应在 ±10% 以内。一个探头组中的两个楔块也应具有相同的规格和参数。

1. TOFD 探头

TOFD 检测的最大优势在于缺陷的精确定量，所以要求检测探头应当能够发射宽频带、窄脉冲，且具有较高频率的超声波信号，以提高检测分辨力。对于 TOFD 检测探头的一般要求是，工件表面的直通波波幅达到峰值 10% 以上的部分，其周期数应不超过 2 个。常用的 TOFD 检测探头，其标称频率一般都在 5MHz 以上，高于常规脉冲反射法超声波检测。另外，由于衍射信号相对较弱，因此要求探头晶片应具有较高的发射和接受性能，以保证所需的检测灵敏度。

常规脉冲反射法超声波检测探头所采用的压电材料，已无法满足 TOFD 检测所需的宽频带、窄脉冲、高频率、高灵敏度的基本要求。TOFD 检测探头的压电晶片采用了一种特殊的压电材料，即压电复合材料。

压电复合材料本身具有高阻尼特性，因此不再需要像普通陶瓷材料那样，在晶片背部填充大量的阻尼材料，以减少晶片的持续振动时间，提高超声波脉冲的带宽。在结构方面，TOFD 探头和常规脉冲反射法超声波检测探头的差异，主要在于对探头阻尼的配置上。另外，为了增加扫查覆盖范围，TOFD 检测所采用的探头晶片尺寸一般较小，以增加超声波的声束扩散角，常用的晶片尺寸在 6mm 左右。

2. 压电复合材料

压电复合材料是 20 世纪末期研制成功的，研制的目的是提高水听器的性能。水听器是一种用于探测水下声波的装置，是水下声呐系统的核心组件。压电复合材料是由压电陶瓷材料和高分子聚合物以一定的方式复合而成的。比较常用的高分子聚合物有聚偏二氟乙烯（PVDF）、橡胶、硅橡胶、环氧树脂等。聚偏二氟乙烯（PVDF）本身具有压电效应。

为了制备性能良好的压电复合材料，必须合理选择压电陶瓷、聚合物及其复合方式。在压电复合材料中，各相以 0、1、2、3 维的方式自我连通，如果复合材料由两个相组成，则存在 10 种组合方式，即 0-0、0-1、0-2、0-3、1-1、1-3、2-1、2-2、2-3、3-3，其中第一个数字代表压电相的连通维数，第二个数字代表聚合物的连通维数[1]。

从实用角度出发，并考虑制作成本，0-3 型和 1-3 型压电复合材料制作水听器优于其他型号压电复合材料，且 1-3 型压电复合材料在医学超声波成像领域具有很好的应用前景，所以压电复合材料的研究和应用主要集中于 0-3 型和 1-3 型压电复合材料[1]。

0-3 型压电复合材料是由不连续的压电陶瓷颗粒分散于三维连通的聚合物基体中构

成的，具有结构简单、柔性好、制作成本低等优点。1-3 型压电复合材料是指一维连通的压电陶瓷棒平行分布于三维连通的聚合物基体中，且压电陶瓷棒垂直于电极面而形成的压电复合材料，如图 3-14 所示。理论和实验结果表明，对于 1-3 型压电复合材料，压电陶瓷棒越精细，聚合物的弹性模量越小，则复合材料的性能越好[1]。相比较而言，1-3 型压电复合材料的压电性能优于 0-3 型压电复合材料。

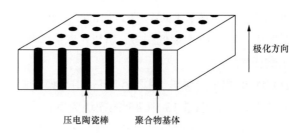

图 3-14　1-3 型压电复合材料结构示意图

表 3-4 和表 3-5 分别给出了复合压电材料与普通压电材料的部分特性参数。

表 3-4　　　　　　　　几种压电材料的 $d_{33}g_{33}$ 值[2]

1-3 型（PZT+聚合物）	$d_{33}g_{33}$（10^{-15}N/m）	普通压电材料	$d_{33}g_{33}$（10^{-15}N/m）
PZT+硅胶	190400	钛酸钡 BaTiO$_3$	2394
PZT+Spurs 环氧	46950	PZT-4	7542
PZT+REN 环氧	23500	PZT-5A	10600

表 3-5　　　　　　　　几种压电材料的 Q_m 值[2]

压电材料种类	机械品质因数 Q_m
PZT-4	500
PZT-5A	80
压电复合材料（PZT 陶瓷体积率 10%）	7.2
压电复合材料（PZT 陶瓷体积率 20%）	10.2
压电复合材料（PZT 陶瓷体积率 30%）	15

通过对表 3-4 和表 3-5 中所列数据的比较，可以看出：压电复合材料的压电应变常数 d_{33} 和压电电压常数 g_{33} 的乘积，远大于普通压电材料，所以 TOFD 探头的发射和接受性能良好，检测灵敏度比普通探头更高；复合材料压电晶片的机械品质因数 Q_m 明显小于普通压电材料，所以其振动产生超声波脉冲时，能量损耗大，晶片持续振动的时间短，因而产生的超声波脉冲宽度小，频带宽度大，检测分辨力较高。

另外，压电复合材料晶片厚度方向上的机电耦合系数 K_t 在 0.62～0.67 之间[2]，高于普通的压电材料，如普通 PZT 压电材料的 K_t 值在 0.48～0.51 之间[2]，因而压电复合材料晶片电声转换效率更高，检测灵敏度也更高。

所以与传统常规脉冲反射法超声波检测探头相比，由压电复合材料制成的 TOFD 检

65

测探头具有明显优势。

3. 楔块

为了实现对焊缝的检测，需要根据被检工件的厚度，配备相应角度的楔块。TOFD检测探头所采用的楔块，与常规脉冲反射法超声波检测所采用的楔块并无实质区别。

目前，国内常规脉冲反射法超声波检测所采用的斜探头，一般把探头和楔块固定在一起，若楔块损伤，则探头随之报废。但是，在目前的技术条件下，TOFD检测探头的制作成本相对较高，而楔块的制作成本要低得多。所以，探头和楔块一般都是单独供应，这样可以降低用户的采购成本。

需要说明的是，TOFD检测采用纵波法探伤，但是由于楔块的折射作用，被检工件中不仅有纵波，还有横波存在。以图3-13中45°的楔块为例，当纵波以45°角入射到钢中时，根据折射定理得

$$\frac{\sin \beta_L}{C_L} = \frac{\sin \beta_S}{C_S}$$

即

$$\frac{\sin 45°}{5900} = \frac{\sin \beta_S}{3230}$$

则

$$\beta_S = 22.8°$$

所以，若采用标称角度为45°的楔块进行TOFD检测，那么工件中不仅有45°的折射纵波，还存在22.8°的折射横波。

进行TOFD检测时，由于横波的行程相对较长，且横波声速与纵波声速相差1.8倍，因此在检测成像时，横波的底面回波将出现在纵波底面回波之后，如图3-15所示，其中上图最右侧的A扫描回波，对应下图最右侧B扫描条纹，即为横波的底面回波。图中靠近中部的回波，为纵波的底面回波。

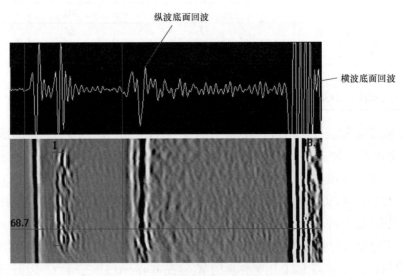

图3-15　工件底面的纵波回波和横波回波

实际检测过程中，在进行数据显示设置时，一般要求数据窗口的终点应设定在横波

的底面回波之后。因为在纵波底面回波到横波底面回波之间的一段区域内，其回波的变化情况对缺陷的判读有重要的参考价值。

实施检测时，应尽量保证楔块与被检工件表面紧密贴合。一般要求，楔块与被检测面正常接触时，间隙应不大于 0.5mm。

4. TOFD 探头的性能及测试

TOFD 探头的性能指标主要包括脉冲周期个数、脉冲宽度、频率误差、回波电压峰—峰值等。

对 TOFD 探头脉冲周期个数的一般要求是，工件表面的直通波波幅达到峰值 10%以上的部分，其周期数应不超过 2 个。例如,工件表面的直通波波幅峰值为满屏高度的 80%，把闸门高度调节到满屏高度的 8%，则闸门高度以上的回波周期数应不超过 2 个；也可以通过其他方法来测量脉冲周期的个数，例如，把工件表面的直通波调节到满屏高度，然后调节增益旋钮，把回波高度降低 20dB，读取此时的直通波回波周期个数，应不超过 2 个。

TOFD 探头的脉冲宽度指标，是指探头所发出的超声波脉冲的宽度，前面已经介绍了电信号的脉冲宽度，这两种脉冲信号的频谱分析图是一样的。TOFD 检测中，一般要求超声波脉冲的–6dB 相对带宽应不低于 60%。在图 3-12 中，–6dB 相对带宽为 50%。

对 TOFD 探头频率误差的一般要求是，探头实测中心频率与公称频率差值应不大于 ±10%。

回波电压峰—峰值是指脉冲回波的电压信号正负峰值之间的电压差，电压峰—峰值表征了探头的相对回波灵敏度。各探头生产厂家对这一指标的具体要求可能不太一样，一般都能达到数百毫伏。

测试 TOFD 探头的性能时，一般需要一个宽频带的超声波脉冲发生接收仪和数字示波器、有机玻璃试块或其他试块。按照仪器说明书连接设备，获得试块底面的 1 次脉冲回波，用数字示波器测量超声波脉冲回波的性能。

四、扫查装置

为了获得稳定的扫查图像，进行 TOFD 检测时应配备扫查装置。

扫查装置至少应包括探头夹持装置和编码器固定装置等。探头夹持装置用于固定和调整探头的相对位置，以获得所需的探头中心间距。编码器固定装置用于固定和调整编码器的位置，以保证编码器的滚轮在滚动时，始终处在一个比较平整的平面上，滚动方向与被检焊缝平行，并且编码器与被检焊缝之间的距离相对固定。

编码器用以记录探头的移动位置信息，应能适应工作环境的要求，保证在检测时能连续正常工作，并与 A 扫描数据采集同步。

图 3-16 所示为两种典型的扫查装置：图 3-16（a）用于平板对接焊缝或压力容器对接焊缝的扫查，图 3-16（b）用于管道对接焊缝的扫查。

扫查装置可以采用电动机驱动，也可以人工移动。移动过程中，应保证探头中心间距的中点与参考扫查线的相对位置偏差不大于 2mm。扫查装置应具有良好的往返重复性，在平板上 500mm 范围内往返扫查时，长度方向误差和轴线偏离均不大于 2mm。

 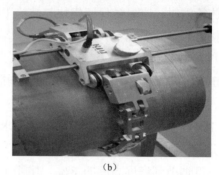

（a） （b）

图 3-16 典型的扫查装置

（a）平板焊缝扫查装置；（b）管道焊缝扫查装置

五、其他附件

衍射信号较弱，特别是探头连接线较长时，可以使用前置放大器。前置放大器应能对所使用的频率范围具有平滑的响应。前置放大器应连接在接收探头后，放大器与接收探头的连线应尽可能的短。

现场检测的主要任务是数据采集，也可根据需要对检测数据进行简单分析。由于 TOFD 主机设备的显示屏相对较小，且主机设备自带的在线数据处理软件功能相对简单，一般通过主机设备的面板操作，即使可以外接鼠标，现场操作也有诸多不便之处。所以，对 TOFD 检测数据的最终判读，通常采用离线分析软件在个人计算机上进行。

离线分析软件应能同时显示 A 扫描信号和 B 扫描（或 D 扫描）信号，实现直通波差分，对数据局部缩放，实现缺陷在高度和长度方向上起止点的测量，以及数据和图像的输出等功能，用于测量的指针应有拟合功能。

参考文献

[1] 李邓化. 居伟骏等. 新型压电复合换能器及其应用. 北京：科学出版社，2007.
[2] 强天鹏. 衍射时差法（TOFD）超声检测技术. 全国特种设备无损检测人员资格考核培训教材. 2012 版.

第四章
TOFD 检测通用技术

TOFD 检测通常需要根据被测材料厚度来选择探头角度、频率、晶片尺寸和通道数。探头角度小，直通波与底面回波的时间间隔大，分辨率高，深度测量精度高；探头角度大，扫查覆盖范围大。检测薄板工件时应采用大角度探头，而检测厚板工件时应采用小角度探头。在检测更厚的工件时需要多个 TOFD 探头组，此时可能看不到表面波或底面回波，需要通过计算对壁厚进行合理分区，不同区域分别采用 TOFD 探头组扫查。因此，如何根据检测对象对 TOFD 检测的工艺参数进行正确的选择是确定 TOFD 检测工艺的重要内容。

一、探头声束扩散角

在 TOFD 检测中，为了保证声束截面能够覆盖整个被检工件，需要采用具有较宽声束截面范围的探头，因此探头声束的扩散角成为一个重要的影响因素。在进行检测工艺的制定时，应该在保证灵敏度的前提下，力求使用尽可能少的扫查次数来检测待检区域。因此计算声束的覆盖范围非常重要。探头晶片发出的波束的半扩散角可根据式（4-1）计算，即

$$\sin\theta = F\frac{\lambda}{D} \qquad (4\text{-}1)$$

式中　λ——介质中的波长；

　　　D——晶片直径；

　　　F——因子，根据不同的扩散声束截面范围，取不同的值（通常，计算 6dB 声束范围扩散角时，$F=0.51$，计算 20dB 声束范围扩散角时，$F=1.08$）。

图 4-1 所示为探头晶片声束扩散示意图。声束在近场区的声压分布比较复杂，因此下面所做的计算均假定在远场区域，即 3 倍近场区（N）以外。这是由于在近场区，处于声压极小值的较大缺陷回波可能较低，而处于声压极大值处的较小缺陷回波可能较高，容易引起漏检；远场区轴线上的声压随距离增加单调减少。当 $X>3N$ 时，声压与距离成

正比，近似于球面波的规律。

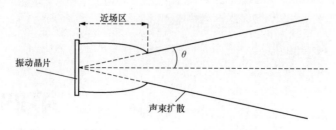

图 4-1　探头晶片声束扩散示意图

表 4-1 是超声波在几种不同频率下，探头楔块中的波长和波束扩散角的计算列表。其中，声束在楔块材料中的传播速度为 2.4mm/s，F 取 0.7。

表 4-1　　　　　　　　　　　　探头楔块中的声束扩散角

探头频率（MHz）	楔块中的波长λ（mm）	楔块中的半扩散角θ（°）		
		D=15mm	D=10mm	D=6mm
3	0.8	2.14	3.21	5.35
5	0.4	1.28	1.92	3.21
10	0.24	0.64	0.96	1.6

由式（4-1）及表 4-1 可知，获得较大声束扩散角的方法有两个：

（1）选择较低的探头频率；

（2）选择较小的晶片尺寸。

在金属材料的 TOFD 检测中，为了得到 45°、60°、70°的纵波折射角，通常需要在探头晶片的前端附加有机玻璃或聚苯乙烯透声楔块。声束在异质界面上的折射角满足斯涅耳折射定理，折射角按式（4-2）计算，即

$$\frac{C_1}{\sin\alpha_1}=\frac{C_2}{\sin\beta_2} \tag{4-2}$$

如果钢中声速是 5.95mm/s，楔块中的声速是 2.4mm/s，则可得钢中纵波折射角等于 45°、60°、70°时，有机玻璃楔块中的声束入射角，见表 4-2。

表 4-2　　　　　　　　　　不同钢中折射角对应的楔块入射角

楔块中的角度（°）	钢中的角度（°）
16.57	45
20.44	60
22.27	70

式（4-2）则可以按以下步骤计算声束在钢中的扩散角：

（1）通过声束在钢中的折射角计算声束在楔块中的入射角；

（2）计算声束在楔块中的扩散角；

（3）计算上扩散角和下扩散角；

（4）通过楔块中的上、下扩散角运用 Snell 定理计算声束在钢中的扩散角。

二、探头声束覆盖范围

前文已述，TOFD 检测中，要求声束的覆盖范围要大，其计算可通过 Snell 定理来得到。表 4-3 为当钢中声束折射角中心角度为 60°时探头的声束覆盖范围。

表 4-3　　　　　　　　　　中心声束角度为 60°的不同探头的声束扩散角

频率（MHz）	钢中折射角为 60°的声束扩散角（°）		
	D=6mm	D=10mm	D=15mm
3	40.2～90	47.3～84.0	51.1～72.2
5	47.3～84	51.9～70.6	54.5～66.5
10	53.2～68.5	55.8～64.8	57.1～63.1

由表 4-3 可知，当探头频率为 3MHz、晶片直径为 6mm 时，其声束的覆盖范围最大，其最大声束正好沿上表面传播，即扩散角为 90°。根据 Snell 定理，探头声束的扩散并不是以声束轴线中心对称的。随着探头频率和晶片直径的增大，探头声束的扩散角变小，其声束覆盖有效范围减小。图 4-2 所示为探头钢中纵波折射角为 60°时，探头频率为 10MHz，晶片直径为 15mm 和探头频率为 3MHz，晶片直径为 6mm 的两组 TOFD 探头，通过将 PCS（两探头入射点间的距离）设定为声束聚焦深度为 2/3 倍的工件壁厚时的声束覆盖示意图。

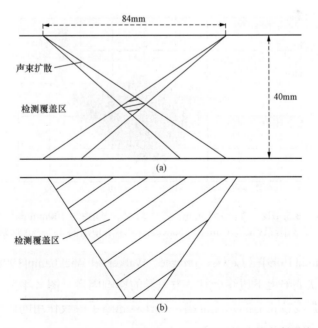

图 4-2　聚焦深度 2T/3，折射角为 60°时不同探头的声束覆盖
（a）10MHz，15mm 直径；（b）3MHz，6mm 直径

由图 4-2 可知，选择频率高、晶片尺寸大的探头，声束扩散角较小，声束窄，有利于提高系统的分辨力和声束强度，但是其声束的覆盖范围较小；而在缺陷的检测过程中优先考虑声束对被检工件的覆盖，而获得较大的声束覆盖又趋向于选择低频和小直径的探头，因此，在实际检测工作中，对探头的选择要综合考虑各种因素，在满足灵敏度要求的前提下，尽量选择声束覆盖范围大的探头。此外，对于已经发现并确定位置的缺陷，还可以通过优化设置，有针对性的选择探头，进一步扫查以确定缺陷的精确尺寸。

受几何尺寸及衍射振幅与折射角关系的影响，折射角变化，衍射信号幅度也随之变化，但在 45°～80°区间范围内，衍射信号幅度与折射角关系不大，因此通常钢中的有效声束角度范围为 45°～80°。该角度范围定义为：在通过声束轴的垂直平面中，声束交叉所形成的一个四边形区域。45°～80°范围是基于一个对称平面的垂直条状裂纹计算的修正衍射范围确定的。它没有考虑探头实际声束特征所产生的声束与轴线间的夹角和有限大小的辐射面。同时，它也忽略了探头的入射点随着对称平面变化的影响。Hawker 和 Burch 研究的一对直径为 15mm，钢中折射角为 60°，两探头入射点间距 PCS 为 100mm 的探头的声束分布函数，如图 4-3 所示。可以被看作一个来自衍射源的信号振幅的分布图，假设衍射系数为常数，则信号振幅最大允许范围为 24dB 时，在四边形所包含范围内的一些部位幅值较低，尤其是在近工件区域。在 45°～74°之间的声束范围内能满足合理的计算精度。覆盖面积减小的主要原因是受探头声束宽度的限制。因此，可以选用晶片直径更小的探头来扩大有效的声束覆盖区域。同样，也可以采用更大角度的探头，使声束的上扩散角更加偏向于工件的近表面区域。例如，采用折射角为 70°的探头来代替 60°探头。

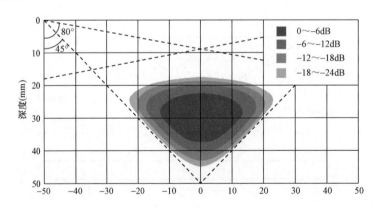

图 4-3　3.5MHz，直径为 15mm，角度为 60°，间距为 100mm 探头的声束
传播（虚线区域为 Curtis 和 Hawker[1983]所使用的 45°～80°区域）

Hawer 和 Burch[1999]在 Lewis、Temple、Walker 和 Wickhamp[1998]所做工作的基础上也讨论了裂纹状缺陷上下边缘衍射系数差异的影响因素。图 4-4 所示为平直裂纹缺陷边缘的衍射信号强度校正后的角度范围，该计算忽略了吸收作用的影响，由此可以做出如下推断：

（1）在声束覆盖范围内计算时为其假设一个不变的衍射系数是不合理的。

（2）当缺陷倾斜 45°或更大时，没有较大的信号强度损失。

（3）当 68°的探头被应用时，能达到最佳的灵敏度。

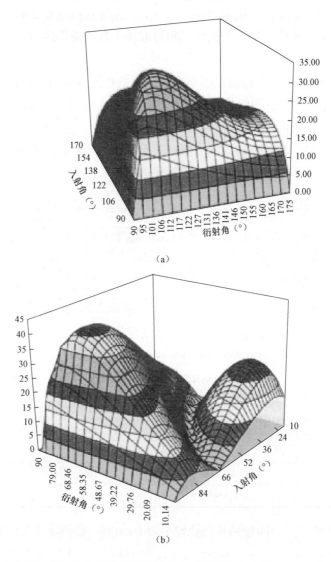

（a）

（b）

图 4-4 远场条件下忽略吸收的直裂纹边缘的校正范围灵敏度[源自 Hawker 和 Burch，1999]

（a）缺陷的上边缘；（b）缺陷的底边缘

三、扫查次数的选择

由图 4-2 可知，用一次扫查很难实现对整个焊缝的全覆盖检测。覆盖设计的关键是确定整个检测区域怎样才能被一对或更多的探头扫查到。对于 TOFD 检测来说，探头组的个数取决于要检测工件的厚度和检测需要覆盖的范围。显然，用一组探头进行一次扫查，检测效率最高，但是，一次扫查有时无法对近表面区域进行有效覆盖。因此，确定几组不同 PCS 间距的探头对覆盖不同深度区域非常必要。较小间距的探头用于检测近表面区域，较小的声束覆盖宽度则意味着需要沿检测区域放置更多的不同距离的探头对。有的缺陷可能非常靠近底面，但是却偏移中心线，则其缺陷回波有可能被误认为底面的反射回波，这就需要增加一个横向位移的探头对。在进行扫查设计时，既要考虑探头对的数量，还要考虑扫查的次数，所选择的布置取决于数据采集通道、扫查仪器的性能及检测周期。

以检测 40mm 厚工件、检测范围为焊缝中心左右各 40mm 为例。假定探头频率为 5MHz，F 值取 0.7，声束焦点设在 2T/3 处。图 4-5（a）是 45°探头的声束覆盖情况，图 4-5（b）是 60°探头声束覆盖情况。从图中对比可以看出，45°探头的声束扩散较小，没有实现对检测区域的全覆盖，但检测中能够获得较好的分辨力。表 4-4 列出了中心频率为 5MHz 的探头在不同晶片尺寸及不同折射角下的扩散角范围。

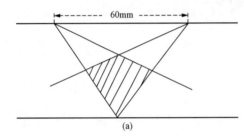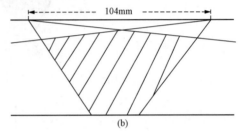

图 4-5　45°探头和 60°探头的覆盖范围
（a）45°，6mm 直径；（b）60°，6mm 直径

表 4-4　　　　　　　　　　　　　5MHz 探头的扩散角

折射角（°）	钢中声束扩散角（°）		
	D=6mm	D=10mm	D=15mm
45	34.0～57	38.8～51.8	40.8～49.9
60	47.3～84	51.9～70.6	54.5～66.5
70	54.0～90	59.6～90.0	62.6～82.1

折射角为 45°的探头，即使晶片直径较小为 6mm 时，它的覆盖范围也很小，见图 4-5（a）。折射角为 60°，晶片尺寸为 6mm 的探头则可以覆盖 2/3 焊缝区域，见图 4-5（b）。而折射角为 70°的探头一般不采用，因为它将时间压缩很多，从而造成分辨率很低。

60°探头扫查遗漏的区域需要一对聚焦深度在这个区域的探头来扫查，如图 4-6 所示。

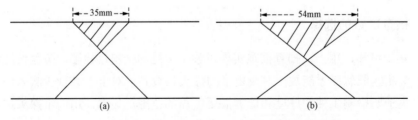

图 4-6　近表面区域的 60°、70°探头的遗漏范围
（a）60°，6mm 直径；（b）70°，6mm 直径

由图 4-6 可知，近表面区域用 70°探头能较好地覆盖。在实际应用中，两种探头的扩散角度基本相同。60°探头可以获得较好的分辨力，而 70°探头有更大的覆盖范围，应根据实际情况综合考虑。

最后，为了完全地覆盖焊缝中心两侧 40mm 范围，需要每对探头进行三次扫查，60°探头聚焦深度在 0.66T 及 60°或 70°聚焦 0.25T。这就需要进行 6 次扫查或 2 对探头同时采集数据，扫查 3 次，其原理如图 4-7 所示。

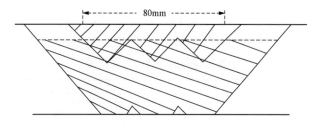

图 4-7 焊缝中心两侧 40mm 范围（探头同时采集数据，扫查 3 次）的扫查原理图

因此，只用一次扫查是不够的，应仔细设计合适的探头和扫查次数。如有可能，应在与被测工件厚度相同的内部有反射体的试块上进行试验。

另外，对扫查布置工件的结构应考虑影响。对于简单的几何体扫查，如板材的对接焊缝或圆柱容器的环焊缝，设计出一个探头布置或扫查次序来实现足够的覆盖是相当简单的，但是在更复杂的几何体中，如喷嘴外壳焊缝、K 节点等，设计出一个探头布置是个复杂的过程。在这些几何体中，应对探头布置安装，探头位置和扫查模式精心分析，否则就会因探头倾斜产生覆盖不足，因声束重叠或敏感区域从其期望位置移位而引起灵敏度下降。在需要大角度入射角的检测过程中，通常需要用数学模型来模拟此几何形状以判断所有的检查部位是否都已覆盖。另外，也可以用带有人工缺陷的几何体校准试块来进行验证能否达到覆盖区域。

四、被检工件的检查

在实施一项检验之前，有些提高检验质量和有助于解释超声波信号的工作需要进行。例如：

（1）了解工件焊缝的冶金参数，如焊缝结构形式、焊接方法、现场条件。了解历史数据和需要检测的缺陷的类型。

（2）检查焊缝两边的母材，确定是否有分层和撕裂，这有助于解释 D/B 扫描中的面状信号。

（3）检查焊缝两边的母材是否存在厚度突变，因为这会引起多个底面波。

（4）了解声波在材料中的衰减和工件表面粗糙度对检测的影响。高频波在通过金属材料时会发生剧烈衰减，当长距离传播时衰减更为严重。

五、探头的选择

在 TOFD 检测中，通常选用纵波直探头来进行检测。这是由于：从晶片上发出的纵波传入斜楔后，在检测工件中产生折射纵波和折射横波；此外，直通波和底面回波均为纵波；由于纵波声速最大，在时间轴上的直通波和底面回波之间只存在纵波入射时缺陷引起的衍射纵波。

1. 探头角度的选择

先考虑直通波与底面回波的时间范围，因为这个区间是重点记录区域。两者之间的时间间隔计算在前文已述，这个时间范围是不同的，例如

$$时间范围 = \frac{2\sqrt{S^2+D^2}}{C} - \frac{2S}{C}$$

表 4-5   直通波与底面回波的时间范围

项目	金属中的折射角（°）		
	45	60	70
PCS（mm）	48	83.2	132.0
直通波（μs）	8.1	13.0	22.2
底面回波（μs）	15.7	19.4	25.9
时间范围（μs）	7.6	5.42	3.8

表 4-5 以壁厚为 40mm 的工件为例，探头聚焦深度在 $2T/3$，一般来说，折射角度越小，时间范围越大，45°探头可以获得最大的时间范围。时间越分散，沿时间轴的信号的分辨率越高，深度测量的精度越高。然而，折射角度越大，探头能够覆盖的范围也越大。

综上所述，探头折射角选择原则为：探头角度小，直通波与底面回波的时间间隔大，分辨率高，深度测量精度高；探头角度大，扫查覆盖范围大。检测薄板工件时应采用大角度探头，而检测厚板工件时应采用小角度探头。在检测更厚的工件时需要多个 TOFD 探头组，此时可能看不到表面波或底面回波，应通过计算对壁厚进行合理分区，不同区域分别采用 TOFD 探头组扫查。在检测奥氏体或高衰减的材料时，应适当降低探头频率，加大晶片尺寸。探头角度对各种参数的影响见表 4-6。

表 4-6   探头角度对检测参数的影响

减小探头角度	增大探头角度
分辨率提高	分辨率降低
深度误差减小	深度误差加大
波束扩散角减小	波束扩散角增大
PCS 减小	PCS 增大
衍射信号波幅增大	衍射信号波幅减小

2. 探头频率的选择

一般地，PCS 的选择是为了获得预定的覆盖范围，它决定了直通波和底面回波的时间范围窗口。为了获得在直通波和底面回波之间的缺陷信号，每个缺陷信号必须有几个周期的时间，这样直通波和底面回波信号在时间上充分地分离，才能够比较好地分辨缺陷信号。时间范围计算见表 4-5。以 60°探头检测 40mm 厚的工件为例，直通波和底面回波之间的时间差为 5.4μs。对于 1MHz 的探头，一个周期的时间是 1μs，这意味着直通波和底面回波之间的时间间隔内只能显示 5 个信号周期，无法获得较高的分辨率。而对于 5MHz 的探头，一个周期的时间是 0.2μs，在该时间间隔内有 27 个周期，可以获得满意的效果。

因此，在直通波和底面回波之间时间间隔内的回波信号周期数越多，对于缺陷的深度分辨率就越高。当周期数约为 30 时，就可以获得较高的分辨率。而在实际的检测应用中，最少也要达到 20 个周期，周期数越多，获得的分辨率越高。通过增加探头的频率可以增加周期数，但衰减和散射也随之增大，激发能量也随之减小，声束扩散也减小。

表 4-7　　　　　　　　　　　直通波与底面回波之间的周期数

板厚（mm）	直通波—底面回波（μs）	1MHz	3MHz	5MHz	10MHz	20MHz
10	1.25	1.3	3.8	6.3	12.5	25.1
25	3.13	3.1	9.4	15.7	31.3	62.7
50	6.265	6.3	18.8	31.3	62.7	125.3
100	12.53	12.5	37.6	62.7	125.3	250.7

表 4-7 为不同频率的探头，在 PCS 聚焦在 $2T/3$ 时得到的不同时间间隔。表 4-8 列出推荐的探头选择。在工作母材或焊缝中信号衰减高于正常值时，选择的探头频率就需要降低。

表 4-8　　　　　　　　　　　不同厚度工件推荐探头频率

壁厚（mm）	中心频率（MHz）	名义角度（°）	晶片尺寸（mm）
0<10	10～15	50～70	2～6
10～30	5～10	50～60	2～6
30～70	2～5	45～60	6～12

实际应用中，6mm 厚的工件可以选用 15MHz 频率的探头，25mm 厚度以上的工件可以选用 5MHz 频率的探头，但发射探头和接收探头的频率差别应在 20%以内。

探头频率对检测的影响见表 4-9。

表 4-9　　　　　　　　　　　探头频率对检测的影响

提高探头频率	降低探头频率
波长变短	波长变长

续表

提高探头频率	降低探头频率
分辨率提高	分辨率降低
波束扩散角减小	波束扩散角增大
晶粒噪声增大	晶粒噪声减小
穿透能力降低（衰减加大）	穿透能力增加（衰减减小）
近场长度增加	近场长度减小

3. 探头晶片尺寸的选择

在非平行扫查时，通常选用晶片尺寸较小的探头以便获得较大的覆盖范围。但是晶片的尺寸小，发出的超声脉冲能量也就会相应变小，因此在探测厚壁工件时通常选用大晶片的探头，只是在扫查薄板工件或者厚壁工件的最上一层时使用小晶片探头，但是小晶片探头可以与被检测工件良好接触，因此在检测有弧度的工件时，如管道焊缝检测，使用小晶片探头会好一些。探头晶片尺寸变化对检测的影响见表4-10。

表4-10　　　　　　　　探头晶片尺寸变化对检测的影响

减小探头晶片尺寸	增大探头晶片尺寸
输出能量降低	输出能量增加
波束扩散角度增大	波束扩散角度减小
近场长度降低	近场长度增加
与工件接触面积减小	与工件接触面积增加

六、PCS 的选择

TOFD 探头中心间距的选择应遵循以下三个原则：使被检区得以充分覆盖，即声透射最佳；保证从裂纹端部获得足够的衍射能量；保证声波在被检区有一定的分辨力。通常，增大 TOFD 探头间距可增大声束覆盖范围，减小探头间距则可改善声束的分辨力。

PCS 的选择采用 2T/3 原则，发射和接收探头波束中心的直线交于工件壁厚 2/3 处，即

$$PCS=2S=2\times\frac{2}{3}d\times\tan\theta=\frac{4}{3}d\tan\theta \tag{4-3}$$

如果不能完全覆盖待检工件，需要多组探头扫查时，PCS 要根据每组探头来调整，从而达到最佳效果。在扫查特定区域（如焊缝根部）时，可以把 PCS 设置为某一数值，使焦点位于指定深度。假设深度是 d，探头角度是 θ，则

$$2S(PCS)=2d\tan\theta \tag{4-4}$$

七、检测校准和增益设置

在 TOFD 检测中，衍射信号来自于缺陷尖端，由于衍射信号的幅值和缺陷大小没有对应关系，因此，TOFD 检测不能像常规脉冲回波法检测，采用平底孔、横孔或开槽等标准反射体的反射信号来进行增益设置。

如果对一标准横通孔进行 TOFD 扫查，假设横孔的直径足够大，则在 B 扫描图像中会产生两个能够区分开的信号。这两个信号中，位于上边的信号主要是声波在孔的上端点经过反射后被接收探头接收的反射信号，信号幅度很强；而位于下边的信号主要是声波沿孔的底部传播所形成的爬波。

通常情况下，衍射信号的幅值较弱，仅为底面回波的 20%。但是由于底面回波主要是多种因素形成的反射波，因此不能用来作为可靠的参考依据。通常增益设置通过采用一端开口槽的衍射波信号或采用晶粒噪声及草状回波来进行调节。当以上两种方法都不适用时，则把底面回波调到满屏高度，然后再增益 10dB。

1. 用开槽的衍射波来设置增益

采用一系列窄槽底部的信号来设置增益。这种方法在英国标准 BS 7706 中有较为详细的描述。这种槽必须是上表面开口的，而不是底面开口。这是因为底部开槽信号的幅值非常类似于疲劳裂纹的衍射信号，而开槽上端点的信号主要是反射波。在与检测工件厚度相近的校准试块上 1/3 厚度处和 2/3 厚度处开槽，试块的材质尽可能与待测工件相同或相近；也可以选用能够满足扫描范围需求的带开槽的试块。设置增益时，在信噪比满足要求的情况下把最深处槽的信号波高调到满屏的 60%（FSH）。此时，底面回波信号通常都会饱和。在 A 扫描中，如果 PCS 不是太宽，可以看到幅值很低的直通波 LW 信号能够超过噪声信号。

2. 用晶粒噪声或草状回波来设置增益

还可以采用晶粒噪声或草状回波来设置增益，在英国标准 BS 7706 中也有描述。在这种方法中，需要从校准试块上得到 TOFD 信号，然后调节增益，使晶粒噪声可见，并超过满屏的 5%，在直通波之前的电噪声要低于晶粒噪声。一般情况下，要扫查的焊缝中的噪声可能比试块中的噪声弱很多，这时，采用待测工件中的典型噪声来调节增益则更为合适。这种设置增益的方法将会确保缺陷信号能够检测到。如果增益设置过高，在 B 扫描或 D 扫描图像中的信号就会很亮，会使得数据分析比较困难。如果采用这种方法，就必须要保证所有 A 扫描的参数都是正确的。例如，能从被测试件或试块的底面回波中得出材料的厚度，与实际厚度的误差要在 0.25mm 之内。

3. 增益设置中衰减和粗晶噪声的影响

在 TOFD 检测中，如果能够观察到直通波和底面回波信号，人们通常会忽略超过正常范围的衰减所造成的影响。但是，为了确保所有待检部位都得到有效扫查，就要考虑衰减和晶粒散射的影响，这一内容在后续章节中详细说明。在采用试块开槽来设置检验增益的情况下，如果被检试样中的衰减大于或等于 2dB，那么扫查时应增加补偿。

无论采用哪种方法，通常都应该把扫查增益设置到在 D 扫查和 B 扫查图像中呈现灰色背景。这种灰色背景的强度应该在焦点深度处比较强（声束中心通过这一点）。为了确保能够有效扫查被检工件的所有检验区域，扫查区域边界处的晶粒噪声或背景灰度的波幅与焦点处晶粒噪声相比不要少于 12dB。检验区域的边界通常刚好是在直通波之下到底面回波之上。如果噪声差大于 12dB，那么就应该把工件在厚度上分成几个区域扫查，或者采用不同角度的探头扫查，也可以两者同时进行，从而使扫查区域的晶粒噪声保持在合理的水平。另外，选择较低频率的探头也能解决这个问题。如果把工件在深度上分成不同区域来扫查，则可以考虑选用大晶片直径的探头，因为这样可以减小声束扩散角，使声波能够在更小的区域内聚焦。

4. 扫查设置的校准或校核

扫查设置的校准或校核应作为检验过程的一个组成部分。对于第一种增益设置方法而言，检验之前和检验之后在校准槽上扫查一遍，进行扫查设置的校准或校核，来保证检测数据的准确性。对于第二种增益设置方法而言，待检试样或相近厚度试块的厚度测量值与实际值的误差则必须小于 0.25mm。因此，通过校准或校核，可以确保检测过程中参数设置和探头使用正确。校准要对以下几项进行核对：

（1）探头、导线、所有电子器件、计算机及其外围设备。

（2）在检验前减小误差，如改正 PCS。

（3）校准确保扫查的有效性。如果发现异常，则重新进行扫查，或者在报告中做出说明。

校准也可以用来确定其他 TOFD 参数，包括对于近表面缺陷可达到的精度（如由直通波和底面回波形成的近表面和底面盲区），或者底面盲区对非平行扫查中能够发现的底面开口形缺陷最小尺寸的影响。为了测量盲区尺寸，要在近表面和底面开 2、4、8mm 的槽，在确定盲区时，要在底面距扫描中心线 0、10、20、30mm 处开槽，槽的深度就是要扫查到的最小裂纹的深度。

八、数据采集相关设置

1. 数字化频率和脉冲重复频率

前文中已述，对于 TOFD 数据来说，峰值幅度的测量不是非常重要，因为一个信号的深度与信号到达时间有关，不取决于幅度。为了获得精确的测量深度，必须要保证时间的精确测量，即数据采集时需要有足够的采样点数量。为了获得合理的信号重构，通常数字化频率至少应该是探头频率的 5 倍，才能避免采集信号的失真问题。深度的精确性与不同信号传输时间测量的准确性相关，采样数量越多，重构的波形越精确。要得到理想的波形，每周期需要采 10 个或更多个点（例如，对 5MHz 探头来说，这就意味着数字化频率应该是 50MHz 或者更高）。但是，数字化频率越高，表示 TOFD 检测中 A 扫描所需的采样点的数量越大，存储空间越大，扫描速度也就越低。TOFD 检测中，一般所使用的典型的探头频率有 2、5、10MHz 和 15MHz，所使用的数字化频率至少是 10、25、

50MHz 和 75MHz。现在大多数数字超声波系统的最大数字化频率超过了 60MHz，并可以选择最大值的几个分数值。

脉冲重复频率（*prf*）是激发探头的频率或者发射探头发射的频率，这些内容在前文已述。所以，无论是手动扫描还是编码器/自动扫描，都要设置 *prf*。如果使用手动采集数据，则实际的 *prf* 应该设置得的与探头移动速度相匹配，以便沿着扫描方向每隔大约 1mm 采集一个 A 扫描。计算机无法获得探头位置信息时，它只能以所选择的 *prf* 来采集 A 扫数据。如果扫查器附带一个编码器，或者扫查器是电动机驱动，则 *prf* 并不是非常重要，因为计算机可以计算出探头位置，只在规定的 A 扫描采样间隔采集数据。如果扫描速率相对较快，为了保证在到达需要采样地点和采用的触发脉冲之间没有时间损失，则 *prf* 不得不设置为尽可能高，即保证在所需扫描速率下有足够的时间采集数据。

2．数字化处理的 A 扫描长度

为了细致地划分尺寸，A 扫描被数字化并作记录的时间窗应该从直通波刚刚开始处到刚刚超过纵波底面反射信号处。从检出缺陷的目的出发，建议把时间窗设置在刚刚超过第一个底面回波波形转换处。这可能会在底面纵波信号之后得到更好的显示（假设探头中心距合适时），一般路径中完全是纵波的信号很难观察到（如近表面的显示）。这是因为它们的路径有一部分是由声速大约是纵波一半的横波组成。这对于校验这些信号是重复出现的变形波也是很有用处的。

如果没有直通波或底面回波，就必须计算时间窗口，并在试块上校核。

3．信号的平均化处理和脉冲宽度

如前文所述，要得到缺陷尖端的衍射波，就应该有最好的信噪比，这就意味着要设置放大滤波器、脉冲宽度和信号平均化处理次数。从裂纹尖端得到的 TOFD 衍射信号是非常弱的，需要较高水平的放大倍数，然而由于信号中的噪声影响经常难以发现衍射信号。噪声通常是由系统获取的随机电信号造成的，因此可以通过信号平均来减少噪声。如果 N 个连续 A 扫描相加，并将结果除以 N，则真正信号的信噪比增强了 N 的平方根倍。

应当指出，这种形式的信号平均不会对改善晶粒散射噪声的比率起到任何作用。当晶粒散射非常强时，需要更复杂的信号处理技术。

九、无信号—常见故障

下面列出了 A 扫描中没有信号时的故障处理：

（1）检查增益是否够高，正常为 70dB。

（2）检查楔块中的耦合剂是否充分耦合。

（3）检查电缆是否与探头正确连接，确定发射和接收通道信号。

（4）检查楔块是否对正。

（5）检查发射和接收探头是否正确连接，如信号接收探头正工作在发射状态等。

一个有用的测试方法是把发射和接收通道信号设置成相同的，然后轮流用这两个探头工作在脉冲回波状态。如果两个探头的波形幅值有显著区别，在检查耦合等正常情况下，必须更换其中一个探头。如果信号异常，就需要检查以下内容：

（1）直通波和底面回波在计算时间到达（加上探头延时）。容易把底面变形横波误认为纵波底面回波，而把纵波底面回波当作直通波。直通波信号一般较弱。

（2）校核探头频率、晶片直径、楔块角度。

（3）校核滤波器设置。

（4）用校准试块校核响应。

（5）检查变形波。

十、扫查方式

一般来讲，TOFD 扫查过程中需要保证满足以下的基本要求：

（1）与工件表面耦合要良好。

（2）使用有足够刚性的扫查架保证探头间距不变。

（3）扫查线要直。

（4）为了在不平的表面得到良好的接触，每个探头都要能单独调整。

扫查器支撑两个 TOFD 探头，通常利用改变探头间距的方法使声束在某一深度范围内聚焦；如前所说，通常每个纵波探头都可以利用不同的楔块来轻松地实现角度变化。探头晶片与楔块柔性耦合的缺点是耦合剂随时间可能会变干，影响耦合效果。

TOFD 探头组可以用手移动扫查或者使用自动扫查器。

1. 手动扫查

手动扫查非常实用，在某些困难部位下它可能是进行扫查的唯一方法。手动扫查通常比机械扫查安装过程快。手动扫查也存在一些缺点，因为数据采样时间间隔不恒定，而 SAFD 过程是基于数据采集时间间隔相同来工作的，所以它不能用于手动扫查；在手动 B 扫描中用抛物线指针测量缺陷长度和位置也是不够精确的。但是，如果小心移动探头以保证匀速扫查，在长度尺寸和位置上的误差可不超过±5mm。

因为手动扫查中，数据采集系统仅仅通过脉冲重复频率来激发发射探头，而与探头的位置无关。因此 A 扫描数据可以通过一个固定的时间间隔来采集，例如，每隔 1mm 采集一次。但要注意，设置发射探头的脉冲重复频率要与扫查速度相一致，这一点非常重要。

此外，还有一些简单的步骤可以保证扫描速度。一般来说，TOFD 检测需要两个运算器，一个用于探头的移动，另一个用于数据采集设备。这些设备通过自身通信系统相连，可以相隔 50m 以上工作。开始一个扫描前，需要在被检工件上进行校准，校准在一定间隔上进行（如 100mm 或 200mm）。在数据采集过程中数据采集器使用一个辅助工具来计算沿扫描方向的位置（例如扫描距离为 0.25、0.5mm 和 0.75mm 或者距离–100、200mm 等）。这些信息提供给扫描运算器使其知道它所在的位置。换句话说，如果使用适当的软件，扫描运算器可以算出沿扫描方向通过的距离（如 100、200mm 等），数据采集器能在数据采集文件中添加标记。这些标记在以后的数据分析中可以识别。

在手动扫查中，经常辅助使用一个单一编码器。在 TOFD 中常用的为轮式编码器，滚轮在转动中同时驱动一个编码器，并将生成的数据传输到数字化超声数据采集系统。

2. 自动扫查

在许多情况下自动扫查是很重要的。自动扫查装置可以用 TOFD 数字化数据采集系统来控制或者由其自身电动控制系统来控制。在这两种方法中编码器反馈的信息都被超声波数据采集系统获得，使得 TOFD 中 A 扫描能按一定的采样间隔采集。

对平行扫查来说，扫查的起点相对焊缝中心线的位置应该明确，以便标绘出缺陷在焊缝横断面上的精确位置。

十一、采样间隔的设置

采集 TOFD 检测 A 扫描图像时，通常采用 1mm 的采样间隔。它足以给出非常清楚的图像，在有噪声和数据质量较低时从缺陷端点产生的抛物线状特征有利于识别出缺陷信号。

十二、检测环境温度

当使用适当的耦合剂时，TOFD 检测可以在高达 150℃温度下进行。当温度更高时，探头、楔块和靠近高温的线缆都必须进行冷却。而且在高于 150℃时，必须使用适当的屏蔽或者隔热物来保护仪器。目前，检测温度可以高达 300℃，然而，在 200~300℃时检测灵敏度将下降，这是由于高温时材料噪声增大所引起的，这种情况下需要选用适当的耦合剂。

如果能够获得足够的灵敏度，并且可以将特殊探头永久地固定在金属上，则可以实现在更高的温度下对特殊缺陷进行长期监测。

十三、探头与工件耦合

常温 TOFD 检测中使用的耦合剂与传统脉冲回波检测中使用的一样。耦合剂的特性要与其使用的温度相适应。

为了实现自动检验，经常在探头楔块上钻一个小孔并直接注水来保证楔块与工件的耦合。由于软管泵中任何堵塞都可以通过增大压力来解除，所以它是一种理想的供水设备。通过在楔块底下提供耦合剂可以减少耦合剂的使用量。在一般扫查中通过在楔块的侧面加装金属防磨条来避免楔块的磨损。这被称为间隙扫描（典型的 0.2mm），它有助于始终保持一致的耦合层，从而获得一致的结果。但是由于楔块和金属表面可能存在的干涉效应会使波长为 0.25mm 和 0.5mm 的声波被衰减掉。

十四、非常规扫查方法

通常 TOFD 检测会选择使纵波波束聚焦在工件 2T/3 处。然而，当使用特殊扫查方法有效时，这种情况会有所改变。

1. 二次波扫查

当扫查面无法满足检测条件时（如焊缝余高过高），则可通过反射波或者图4-7所示的底面回波来实现该部位的检测。近表面裂纹此时不会被隐藏在直通波中，并且高于表面产生的波，此时二次反射中表面产生的波作为底面波。这种方法要求底面必须光滑平整，并且探头间距要足够大，以确保回波在底波变形波之前到达。由于产生的底面回波是二次底面回波，因此在测尺寸时要注意这一点。

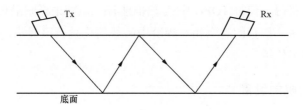

图4-8　二次波扫查探头布置

2. 变形波扫查

TOFD探头的横波角度大约是纵波角度的一半，并且纵波在反射时也会产生横波。因此被检测工件的特殊位置可能在纵波后产生一系列回波。这些特征回波对一些浅的缺陷的分析非常有用，因为这些缺陷的纵波信号隐藏在直通波中，而横波波束通过路径时波速较慢使得信号出现时间稍晚并且分辨率也较好。如果其中一个探头放置在靠近缺陷的位置或者探头间距不够大，使用变形波扫查是一种非常好的方法。

3. 偏心扫查

通常在TOFD非平行扫查检测中，都是假定缺陷靠近探头连线中心线的。然而，直通波与浅缺陷回波的时间差随缺陷离其中一个探头距离的减小而增大。因此，对于较浅的缺陷可以通过偏心扫查提高这些回波的分辨率，但深度测量会由于偏心扫查而变得不准。

十五、TOFD扫查参数的设置步骤

TOFD扫查参数的设置步骤如下：

1. 选择探头

选择探头的频率准则是使直通波和底面回波信号时间差至少达到20个周期。可使脉冲产生的直通波与底面回波在10%以上的波幅不超过2个周期，并且在一个TOFD组中两个探头的中心频率差在20%以内。另外，衰减和粗晶材料也要考虑。

计算或者使用适当的软件绘出波束的扩展和合成的检验覆盖区域。对于非平行扫查一般需要选用最小尺寸的探头以便获得最大的覆盖区域。大尺寸的探头可以提供更高的能量，但是波束扩散小。对于平行扫查，如果重要部位的大概深度已知，就不用严格限制波束扩展。

2. 了解待检工件

如果在检验前能获得更多的焊缝信息和运行条件（如需要检验出可能存在的缺陷类

型及其位置），会设计出更好的检验方案。另外，母材应该检验层间和厚度。最后要了解工件中声波的衰减情况及是否为粗晶组织。

3. 设置探头间距（PCS）

使用 $2T/3$ 惯例或适当的探头的中心距，并确定 PCS 与焊缝的余高宽度（不能小于余高宽度）扫查面轮廓相一致。

4. 选择 TOFD 探头组数和必要的扫查次数

依照步骤 3 的结果和相关规程，必须确定使用几组探头和几次扫查以保证覆盖深度范围及重要部位。还需记住一点，如果需要使用一组以上的 TOFD 探头，每组探头可以按照各自检验的区域进行优化确定，如探头的频率、尺寸和中心距。

5. 选择 A 扫描采集参数

（1）数字化频率的选择，要依据校正的精度来确定，以获得足够的波幅分辨率（探头频率的 5 倍），至少为探头频率的 2 倍。

（2）选择滤波设置以获得最好的信噪比。最小带宽为 0.5~2 倍的探头频率。

（3）选择激发脉冲宽度设置以获得最短的信号、最大的深度分辨率。

（4）设置信号平均值至最低要求以获得一个合理的信噪比。

（5）设置时间窗口以覆盖部分 A 扫描以便数字化（例如，从直通波之前到底面回波之后的信号，包括变形波）。

（6）最后设定脉冲重复频率，要与数据采集速度相匹配。

6. 设置增益

尽可能使用上表面开槽的校准试块或通过设置使噪声保持在屏幕 5%的高度来决定检验增益。对于第一种方法要增益至刻槽下端信号达到满屏 60%。另外，衰减和粗晶结构也要考虑。

当可能存在的缺陷已经被检出，应该进行进一步的扫查以准确确定缺陷。因为缺陷的位置已大致知道，则需要对参数重新优化以获得最准确的结果（如更高的频率、更大的尺寸和更小的探头间距）。

十六、检测工艺辅助设计方法——超声波仿真

1. 超声波仿真简介

TOFD 检测技术在电力行业中的广泛应用，大大丰富了超声波检测理论与应用领域，为超声波检测技术提供了新的发展方向和工程应用。但 TOFD 检测技术不同于传统的超声波检测，具有更为复杂的检测系统，为了指导检测工艺的设计和辅助分析检测数据，需要采用超声波仿真来建立超声波声场及回波信号与工件结构、材质、缺陷类型、位置、尺寸及缺陷取向的定量关系；此外，通过超声波仿真，可以依据被检部件的特点对超声波检测方法及换能器进行设计和优化，从而确定某个检测方法的适用性和局限性，提高检测的可靠性；通过超声波仿真，可以提高对超声波检测过程的理解，有助于对检测结果的分析和解释；通过超声波仿真，可实现对现场重大缺陷的远程离线分析和专家会诊，

从而做出科学判断。

针对超声波检测的仿真计算，目前国内尚无成熟的研究开发成果，国外也只有少数研究机构能够进行超声波仿真计算软件的开发。国外超声波仿真软件经过几十年的发展，目前成熟的软件主要包括法国原子能委员会开发的 CIVA，瑞典无损检测模拟中心开发的 SUNDT，加拿大 UTEX 科学仪器公司开发的 Imagine3D，美国爱荷华州立大学无损评价中心开发 UT-Sim，美国电力研究院开发的 Virtual NDE（VNDE），以及美国 CyberLogic 公司开发的 Wave3000 Pro 等[1]。

目前，应用最为广泛的超声波仿真软件为 CIVA 超声波仿真软件。CIVA 仿真计算软件由 CEA（French Atomic Energy Commission，法国能源局）研发的软件平台，基于半解析模型进行简单的假设和近似，计算快速，使用简单，对于大量的检测情形都能有精确可靠的预测，在工业环境中有大量的应用。CIVA 开发于 20 世纪 90 年代早期，开发人员将数据处理、数据图形化显示和模拟工具集成到了同一个软件中。2007 年 12 月发布的 CIVA9.0 不仅包括了超声波仿真，而且也将涡流和射线仿真包含其中。

CIVA 仿真软件，在计算超声波声场的同时还能计算声束与缺陷的交互作用，能够高效准确地预测检测结果。CIVA 超声波仿真软件中的模块主要分为两大类：第一类计算探头在工件内形成的超声波声场，即 Beam Computation 模块；第二类计算超声波声场与各类缺陷之间的相互作用，如 Mephisto、Defect Response 模块等，可用于检测工艺设计、工艺参数评估、3D 数据可视，预测在实际无损检测中的检测能力。

正确有效的仿真可以减少试块和探头的制作成本，减少试验的数量，降低新工艺制定的成本，从而对超声波检测应用过程中的检测工艺制定提供有效的指导，缩短工艺制定的时间，降低工艺制定的成本，尤其是对特殊部件、结构复杂工件和晶粒分布不均匀等工件的 TOFD 检测过程进行仿真，可以提高缺陷的判读能力。

CIVA 仿真软件利用半解析法，采用部分解析解或解析函数，基于简化的假设或近似，对已有的模型进行仿真。在计算探头发射声场时，一般采用将探头表面离散成点源的方法，如瑞利积分和离散点源法（distributed point source method，DPSM），然后利用 Pencil 法等方法来描述点源声场在介质中的传播；在处理缺陷散射问题时，常根据缺陷性质的不同，采用不同的近似方法来处理，如采用基尔霍夫近似（Kirchhoff）理论建立的裂纹回波模型，采用几何衍射理论（GTD）建立的边缘回波模型，采用波恩近似理论建立的夹杂类缺陷模型[2]等。

2. 探头发射声场计算

探头发射声场计算模型主要用于计算缺陷表面的声场分布，为研究声场与缺陷相互作用奠定基础，主要基于瑞利积分法和 Pencil 法来建立声场计算模型。在弹性介质中，距离点源足够远的计算点处的声波可以被近似认为是平面波，平面波的振幅随着传播距离的增加而不断减小。Pencil 法用于计算点源发射的波在传播过程中的振幅衰减，其主要优点在于可以采用迭代法计算复杂结构中任意两点间的关系。

考虑探头在半无限大空间中的发射声场时，假设晶片由一系列的点源组成，每个点源向外发射单一频率的球面波 $\phi(M, t)$。（M 为计算点位置坐标，t 为振动时刻）。由瑞利积分[3]，空间中任意一点 M 的声场表示各点源在该点产生的声压的叠加，即

$$\phi(M, t) = \iint_{T_r} \frac{\phi\left(r_T t - \dfrac{r}{c}\right)}{2\pi r} dS \tag{4-5}$$

式中　T_r——对探头表面积分；

　　　r_T——点源位置；

　　　r——点源 r_T 到 M 的距离；

　　　c——声速；

　　　dS——点源面积。

在考虑工件中的声场时，需要考虑声束在工件和探头界面处透射和传播过程中的能量衰减。声束在界面处的能量损失可以用折射系数 T 来表示，T 可以通过应用界面处应力应变的连续性条件建立的方程组求得；声束在传播过程中的能量损失可以用传播衰减因子 D 来表示，D 通过 Pencil[4]法计算。当工件表面为平面，工件为各向同性介质时，D 的表达式为

$$D^2(r_T) = \left(R_f + R_a \frac{C_a}{C_f}\right)\left(R_f + R_a \frac{C_a \cos\theta_f^2}{C_f \cos\theta_a^2}\right) \tag{4-6}$$

式中　R_a、R_f——点源到工件表面和工件的声程；

　　　C_a、C_f——入射声速和折射声速；

　　　θ_a、θ_f——入射角和折射角。

工件中的声场可用修正后的瑞利积分式表示，即

$$\phi(M, t) = \iint_{T_r} \frac{T\phi\left(r_T t - \dfrac{R_f}{C_f} - \dfrac{R_a}{C_a}\right)}{2\pi D} dS \tag{4-7}$$

当考虑表面为曲面、材质为各向异性或多层介质的工件的声场时，只需要将相应的传播衰减因子 D 带入式（4-7）即可。由于采用点源叠加方法，该模型可以模拟任意探头的发射声场，如聚焦探头、双晶探头和相控阵探头等；可以模拟声场在任意复杂界面处的反射和透射以及在任意介质中的传播（如各向异性和非均质介质等）。

3. 声场与缺陷相互作用

超声波检测主要是通过分析探头接收到的缺陷和结构散射声场来对缺陷进行评定。目前常见的缺陷主要可归结为两类，即体积型缺陷（气孔、夹杂和未焊透等）和面积型缺陷（裂纹和未熔合等）。

4. 裂纹回波模型

基于基尔霍夫近似（Kirchhoff）的高频近似模型，用于处理各种体积型缺陷（不含夹杂）和裂纹类缺陷及结构的散射回波[5]。依据该理论，散射体任意点处的表面近似由该点切平面上的平面反射体替代，表面的任意一点都产生平面界面的反射，该点的总场

强由过这一点的切平面反射特性决定。Kirchhoff 近似忽略了表示沿缺陷表面传播的瑞利波的二次衍射项，从而以衍射系数的形式给出散射场远场振幅ϕ_{diff}和入射场的关系式

$$\phi_{\text{diff}}(r',\omega)=\frac{\mathrm{e}^{ikr'}}{r}B_{\alpha\beta}(\gamma,\theta)\int \mathrm{e}^{ikx(\sin\gamma-\sin\theta)}\mathrm{d}S \qquad (4\text{-}8)$$

式中　　r'——缺陷离散点传播矢量；

　　　　ω——角速度；

　　　　k——波矢；

　　　　x——x方向单位矢量；

$B_{\alpha\beta}(\gamma,\theta)$——衍射系数；

　　α、β——入射波和衍射波的波形，对不同的波形转换，衍射系数不相同；

　　r、θ——声束在缺陷上的入射角和衍射方向的观察角；

　　　　S——缺陷表面面积。

模型的算法是首先将缺陷离散，然后单独计算每个缺陷点所产生的衍射回波，最后将所有离散点产生的回波叠加得到缺陷回波。然而 Kirchhoff 近似忽略了二次衍射项，不能计算沿裂纹表面传播的瑞利波产生的衍射回波。

5. 边缘回波模型

基于几何衍射理论（GTD）的高频近似模型可作为裂纹回波模型的补充，用于处理裂纹尖端衍射[6]。当主声束无法由探头接收时，接收到的缺陷信号主要是由裂纹两个尖端产生的衍射回波，入射声束首先在近端衍射，产生衍射回波和沿裂纹表面传播的瑞利波，瑞利波在远端再次衍射产生远端衍射回波。GTD 理论的基本思想是把均匀平面波在半无限楔形导体边缘上的衍射严格解的渐近式，应用于从点源发出的球面波或线源发出的柱面波在弧形导体边缘上的衍射，并把它作为该问题的零阶近似解，以衍射系数的形式给出裂纹尖端衍射波振幅ϕ_{diff}和入射场ϕ_{inc}的关系式

$$\phi_{\text{diff}}(r',\omega)=\phi_{\text{inc}}(r',\omega)H(w)D_{\beta}^{\alpha}(\theta,\phi_{\alpha},\theta_{\alpha})\frac{\mathrm{e}^{-ik_{\beta}r_{\beta}}}{\sqrt{r_{\beta}}}d_{\beta}^{\alpha} \qquad (4\text{-}9)$$

式中　　　$H(w)$——转换函数；

$D_{\beta}^{\alpha}(\theta,\phi_{\alpha},\theta_{\alpha})$——衍射系数；

　$\theta,\phi_{\alpha},\theta_{\alpha}$——观察角、声束入射角和入射面倾角；

　　α、β——入射波和衍射波的波形；

　　　r_{β}——柱面波矢量；

　　　d_{β}^{α}——衍射位移场的方向矢量。

该模型是离散裂纹边缘，单独计算表面各点衍射回波，最后将各点衍射回波叠加得到缺陷回波。

6. 夹杂回波模型

裂纹回波和边缘回波模型都是基于高频近似，适用于尺寸较大的体积型和面积型缺陷，而对于尺寸小于 1mm 的夹杂缺陷，用上述两种方法处理时误差较大，故引

入基于低频近似的波恩近似理论来建立声场与缺陷相互作用模型[7]。该模型算法是用量子力学中的积分方程代替了传统的偏微分方程，以描述超声场散射问题，用精确迭代法求解积分方程，得到渐进的波恩级数解。波恩近似是取无限级数的第一项作为近似解，即用入射场取代散射体内的未知位移场，最终得到纵波和横波散射场远场表达式，即

$$u_i^s = A_i \frac{e^{iax}}{r} + B_i \frac{e^{iBx}}{r} \tag{4-10}$$

式中：A_i 和 B_i——衍射后的纵波和横波振幅。

对于纵波入射，有

$$A_i = \frac{\alpha'^2}{4\pi}\left(\frac{\delta\rho}{\rho}\cos\theta - \frac{\alpha}{\alpha'}\frac{\delta\lambda + 2\delta\lambda\mu\cos^2\theta}{\lambda + 2\mu}\right)S(\alpha,\alpha)\hat{r}_t$$

$$B_i = \frac{\beta'^2}{4\pi}\left(\frac{\alpha\delta\mu}{\beta\mu}\sin 2\theta - \frac{\delta\rho}{\rho}\right)S(\alpha,\ \beta)\hat{\theta}_t \tag{4-11}$$

式中　$S(\alpha,\ \alpha')$——形状因子；

　　　λ、μ、ρ——主介质弹性常数和密度；

　$\delta\lambda$、$\delta\mu$、$\delta\rho$——介质和缺陷密度和弹性常数的差。

7. 回波声场计算

在计算了声场与缺陷相互作用之后，探头接收到回波主要依据奥尔特互易原则计算[8]。缺陷上离散点 M 的入射场由前面建立的声场计算模型来计算，将表达式在空间和时间上分开，近似为

$$\phi(M,\ t) = q(M)S[t - \Delta T(M)] \tag{4-12}$$

式中缺陷上离散点 M 的 $q(M)$ 为振幅衰减，$S[t-\Delta T(M)]$ 为相位，ΔT（M）为声束从探头到缺陷点 M 的传播时间。依据互易原则，波从缺陷传播到探头的响应与其从探头传播到缺陷的响应相同，则探头接收到的回波为

$$\phi_r(M,\ t) = q_e(M)q_r(M)S[t - \Delta T(M) - \Delta T'(M)] \tag{4-13}$$

式中　$q_e(M)$、$q_r(M)$ ——发射和接收过程的振幅衰减；

　　　$\Delta T'(M)$ ——声束从缺陷点 M 到探头的传播时间。

最后考虑衍射系数 $B(M)$ 和缺陷离散点衍射回波叠加，缺陷回波的表达式为

$$\phi_{diff}(r,\ t) = \int B(M)q_e(M)q_r(M)S[t - \Delta T(M) - \Delta T'(M)]dS_D \tag{4-14}$$

十七、TOFD 应用实例

以下为具体 TOFD 检测的应用实例。缺陷检测试验中缺陷被植入板组 1 和板组 2 中。这两种板都是用两块 1500mm×750mm、厚 250mm 的板材对焊而成一块方板。一种 1500mm² 的方板表面覆盖着 8mm 厚的奥氏体不锈钢镀层焊接试件。

1. DDT 实验板 1 和 2 的探头布置

DDT 板 1 和 2 检测实验的主要目的是发现和测量焊缝的纵向缺陷，探头阵列设计就

是根据这一点，虽然它也用在检测横向缺陷中。下面所述的扫查布置适用于纵向缺陷，除非另有说明。被检查的区域深度上约在表面镀层下 10mm 至板材底部，宽度上为从焊缝中心线到两侧约板厚的一半。因为检测在一个较短的时间内完成，需要保证有足够的探头在探头阵列沿板材表面焊缝轴线一次通过时能收集到所有的超声数据。图 4-9 所示为用平板扫查器设计来检查焊接区域。

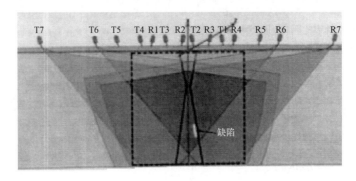

图 4-9　用平板扫查器设计来检查焊接区域

　　如图 4-9 所示，从下往上，大部分的检查区域可由三个对称双探头覆盖，但还需要 5 对探头实现余下顶部区域的充分覆盖。当从金属镀层一侧开始检测时，将会出现更复杂的情况，这将在本书第七章进行讨论。为对深度范围的完全覆盖，此大型探头阵列可给出一种可能性，即在横向上（横跨焊缝）对缺陷定位，通过比较相同间距的各探头对的信号，但各探头对分布在焊缝中心线的一侧到另一侧。总共有 64 种发射探头和接收探头的可能组合，其中 33 种需要能给予充足的覆盖范围。

　　扫查器由骑在板面轮子上的 U 形梁组成，探头沿梁的长度方向按线性阵列分布，如图 4-10 所示。

　　因为探头没有安装万向节和弹簧装置，所以它们安装时有足够的空间以避免探头在任何

图 4-10　平板扫查器

点接触板面，用足够深度的水耦合。这个安装方法的一个后果是：由于弯曲的钢板和表面起伏引起超声波路径在水中的变化，从而使信号时序发生重大变化（处理这类问题的方法将在本书第五章描述）。要求声束在水中的入射角为 12.5°，大部分情况下，可以倾斜探头到这个角度。但在探头阵列中心处探头之间没有足够的空间去完成这些，因而斜入射声束是靠连接聚苯乙烯楔块产生的。为允许一些器械和探头声波轴轻微错位的可能性，在每个探头支架上可做小范围的角度调整。在检测之前声束角度被优化，优化是把探头阵列安装到一个校准模块上，用一个合适的侧圆孔调整每个探头角度以达到最大波幅。

2. 扫描设置

扫查器头被安装在一个由 Risley 核电发展实验室开发的 $2m^2$ 见方的 *x-y* 扫描架十字头上，由计算机控制的步进电动机驱动（见图 4-10）。当扫查架被限制在水平面上运动时，附件允许扫查头在垂直方向上沿起伏的平面运动。头部的探头阵列平面被布置成平行于 *y* 轴方向，工件的焊缝平行于 *x* 轴方向，表面尽可能接近水平。扫查头中心被布置在焊缝中心线上且尽量靠近板材边缘，以便能完成对焊缝的全部检测，探头激发序列和信号记录如上边描述的执行。在每次所有适当的探头数据收集程序结束时，扫查头沿焊缝被移动到一个新的位置，程序重新开始。每个序列的移动距离是 2.5mm，这是获得准确的缺陷长度和尽可能减少数据采集间的一个折中。整个过程的数据被记录在一个 70m 长的磁带上，开始的标题将详细介绍试验过程及数据格式并通过一套完整的设置记录超声波信号。信号分析是通过一个连接到图像分析和显示设备的计算机执行。

3. 横向缺陷扫查

虽然横向缺陷的信号是在检测纵向缺陷时获得的，但这类缺陷彻底的检测需要改变扫查头的方向，扫查器的移动方向垂直于焊缝中心线，扫描横穿焊缝，在长度上完全覆盖焊缝，需要几次扫描，扫查头每次扫查时大约沿焊缝移动 250mm。

参考文献

［1］单洪彬，李明，程怀东. 国外超声仿真软件的研究进展［J］. 无损检测，2008，30（7）：1-6.

［2］丁辉著. 计算超声学—声场分析及应用. 北京：科学出版社，2010.

［3］李太宝. 计算声学［M］. 北京：科学出版社，2003.

［4］Georges A Deschamps. Ray techniques in electromagnetics ［J］. Proceedings of the IEEE，1972，60（9）：1022- 1035.

［5］Lhemery A. A model for the Transient ultrasonic field radiated by an arbitrary loading in a solid. ［J］. Journal of Acoustic Society of American，1994，96（6）：3776-3786.

［6］Chapman R K，Pearce J E. Recent in-house developments in the theoretical modeling of ultrasonic inspection ［J］. Insight NDT，2007，49（2）：93-97.

［7］Gubernatis J E. Formal aspect s of the theory of the scattering of ultrasound by flaws in elastic materials ［J］ Journal of Applied Physics ，1977 ，48（7）：2804 -2811.

［8］Lhemery A，Calmon P，Chatillon S. Modeling of ultrasonic fields radiated by contact transducer in a component of irregular surface ［J］. Ultrasonics，2002，40（4）：231 - 236.

第五章
数 据 分 析

通过 TOFD 检测采集被检工件的数据后，就需要对其数据进行图像显示和信号分析。TOFD 图像显示是由大量 A 扫描波形结合而成，在图谱中以灰度方式显示信号幅度的大小。

TOFD 信号的图像显示有两个优点：第一，图像显示方式对缺陷的定性带来了极大的方便，检测人员可以根据缺陷信号的轨迹、幅度、相位等信息很好地判定缺陷的类型。常规脉冲反射超声波技术是依靠有经验的检测人员结合 A 扫描缺陷的动态波形、静态波形，以及工件的焊接特点、缺陷在焊缝中的位置等来综合判定，要求检测人员具备综合分析的能力，普通的检测人员很难做到对缺陷性质准确的判定。然而由于不同类型的缺陷所造成的危害不同，因此，对缺陷性质的准确判定对于用户来说至关重要；这也是 TOFD 相对于传统脉冲反射超声波技术的一大优点。

第二，图像显示方式大大提高了缺陷的定量精度，常规脉冲超声反射技术是根据波的幅度来对缺陷进行定量的，信号的反射幅度除了跟缺陷的性质、尺寸大小有关外，还跟声束角度、探测方向、缺陷表面粗糙度、试件表面状态及探头压力等诸多因素有关，因此常规的脉冲反射技术的定量和尺寸测量并不能为一些需要做寿命评估或状态监测的部件提供支持。而 TOFD 图像显示了缺陷的上下端点衍射信号，这样就可以通过对上下端点衍射信号的深度测量来获得缺陷的高度尺寸。结合 TOFD 成像的缺陷长度测量技术，就可以给出一个缺陷的长度和高度方向的尺寸，这就满足了利用断裂力学计算来进行寿命评估的条件。

本章首先介绍 TOFD 数据的图像显示和数字化处理技术，然后重点介绍如何利用 TOFD 图像进行对信号的识别、分析和判定，从而获得需要的缺陷的位置、性质、尺寸等信息。

一、图像处理技术

所谓图像处理，就是对图像信息加工以满足人的视觉心理或应用需求的行为。图像处理的手段有光学方法和数字方法。光学方法已经有很长的发展历史,从简单的光学滤波到激光全息技术,光学处理理论已经日趋完善,而且处理速度快,信息容量大,分辨率高,又很经济。但是光学处理图像精度不够高,稳定性差,操作不方便。从 20 世纪 60 年代起,随着电子技术和计算机技术的不断提高和普及,数字图像处理(Digital Image Processing)进入高速发展时期。所谓数字图像处理就是利用数字计算机或其他数字硬件,对从图像信息转换而得的电信号进行某些数学运算,以提高图像的实用性,例如有卫星图片中提取目标物的特征参数、三维立体断层图像的重建等。数字图像处理技术处理精度比较高,而且还可以通过改进处理软件来优化处理效果。随着计算机技术的发展,必将促进数字图像处理技术的飞速发展。

根据 TOFD 检测的需要,计算机作为检测系统的控制中心,除了控制扫查器等各个部分的同步工作外,还应将检测数据显示出来,并进行缺陷信息计算和存储等相关处理。

A 扫描图像接近常见示波器显示的图像,为大家所熟悉。而从 B 扫描图像上,可以直观地看出缺陷在焊缝整个纵截面上的分布情况。B 扫描检测数据其实是以 A 扫描的方式进行采集的。扫查器沿着焊缝长度方向行进。扫查器受驱动电路控制,以一定的速度前进,同时,数据采集电路以预定的采样频率进行采样,保证至少扫查器每移动 1mm 进行一次数据采集,即采集一组 A 扫描图像数据。以焊缝深度为横坐标轴,以焊缝长度为纵坐标轴,在同步电路的控制下,在采集 A 扫描图像信息的同时绘制 B 扫描图像。B 扫描图像实际显示的是焊缝的纵截面。

扫查方向沿着焊缝的方向,称为非平行扫查,为了和平行扫查得到的图像加以区分,将非平行扫查所得到的 B 扫描图像称为 D 扫描图像。同样,垂直于焊缝的扫查称为平行扫查,得到的图像称为 B 扫描图像。

以上形成 B 扫描图像时,首先对 A 扫描图像进行分析,并用数字表示其各点的波高。例如,可以用 0 表示正满屏高度,显示为白色;用 255 表示负满屏高度,显示为黑色;用 128 表示该点幅值为 0,显示为灰色。

然后将一系列 A 扫描图像并列,这样,就可以把 A 扫描图像组合成 B 扫描图像。通过对 B 扫描图像进行分析,可以知道缺陷的位置、深度、高度和大小等相关信息,为断裂力学分析和工程应用提供依据。

二、TOFD 图像显示方式

因为衍射信号的相位包括反射体边缘的位置和方位信息,因此,TOFD 信号的显示不进行相位处理,常规超声波的信号绝大部分还是处理后显示。同时,常规脉冲反射法对缺陷的定位是根据显示屏横坐标来确定的,而横坐标显示的距离是和波传播的时间成比例关系,再根据探头角度进行换算来对缺陷的深度进行定位。而对于采用双探头检测的 TOFD 技术来说,缺陷的高度信息是通过上下边缘的衍射时差来计算的,这种衍射时差关系是一种非线性的关系,因此用传统超声波简单的范围显示方法肯定不能适用于

TOFD 的显示，需要一种全新的显示分析仪器来做这项工作。

1. 简单显示方式

早期用在 TOFD 检测中最简单的数据显示，是用一个示波器接受没有经过处理的回波信号。为了达到更好的示波效果，示波器上添加了经过校准的延迟跟踪装置，以便使荧光屏上只显示检测人员感兴趣的信号（如对于平板来说，是从直通波到底面发射波部分），同时也能对缺陷信号的时间测量更加准确。早期的示波器显示方式对于在工件表面状况良好的材料上手动扫查来检测表面可见缺陷，或者通过其他方式来检测内部缺陷已经足够；但是在粗糙表面上进行检测或者尺寸测量，这种简单的显示方式还是有不完善的地方，用传统的 A 扫描来评判一个小信号已经没有太大意义。

为了更好地检测和提高检测灵敏度，当探头沿工件表面移动时有必要记录 A 扫描数据并以合适的方式显示出来，这种显示方式类似于通常所说的脉冲回波法显示。例如，以探头倾斜声束定义一个截面，在这个截面范围内探头移动产生的 A 扫描显示称为 B 扫描，相似的，移动方向垂直于这个平面的显示称为 D 扫描。对于 TOFD 来说，探头移动平行于探头连线的相当于 B 扫描，而垂直于探头连线的相当于 D 扫描，当然要排除固有的非线性深度比例情况。

用这种显示方式，信号是三维的（即电压、时间和位移），因此必须用二维的显示方式才能显示出来。

2. 线条图显示

早期的 TOFD 显示应用比较广泛的是用专门的绘图仪（笔式绘图机、阴极射线管存储器显示等）绘制出 A 扫描图，用连续的 A 扫描图偏移组合形成堆图。实质上，时间和电压是在两个正交方向上显示，位移显示则用一偏置量来表示，方向可与电压方向同向，也可在电压与时间轴的某个中间方向上。

用带有屏蔽功能的设备（如矩阵打印机）对该方法进行修改，做法是可以屏蔽掉有用信号的正半周期或者负半周期以保留值得注意的区域。图 5-1 所示，在连续轨迹上，缺陷位移信号形成的固有图案被显示和识别出来。当灰度图像显示方式出现时，这种最早的线条图显示方式已经不用了。

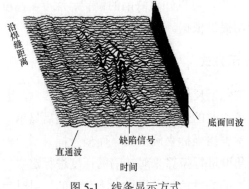

图 5-1　线条显示方式

3. 灰度等级和彩色显示

（1）模拟显示。最直观的显示方式就是用色彩亮度或色调来显示电压幅度，而时间和位移用另外两个坐标显示，这种显示方式可以通过矩形波串积分器和传真积分器的原始方式实现。在矩形波串积分器中，一个窄门采集一小部分波形，并将采样电压送到积分电路和低频滤波器中。通过使门延时，换能器每次激发一额外值，采样点沿波形整个长度上扫过，这样输出就转换成一个低频信号的显示。该低频信号在传真记录器上绘制线，通过这种方式后信号的振幅确定了产生的色调深度。每条线之间是等间隔的，这样就产生了二维显示。此种显示方式在早期 TOFD 技术中有很多应用，且其优点是只需要模拟电路，不需储存信号；但是显示质量不是很高而且此设备很贵，即使现在也很难承担。此外，由于信号没被储存，因此也不能作后期处理。

（2）数字显示。随着数字计算机及视频显示技术的发展，基于光栅扫描技术的灰度等级显示已经很普遍。A 扫描装置形成的 B 扫描图像可存储在计算机文件上，一般有 8 位（bit）精度，并转换成数字帧存储来显示。早期的帧存储分辨率为每行 512×512，又被分成两个交替的半帧，并使用持续性很长的单色监视器来去除因交替帧造成的刺眼的闪烁点。这样就用 8 位数据、256 色阶显示，人眼也很难察觉。通常有一些动态改变信号电平与显示强度间图像的方法，因而可以调整对比度以得到要求的数据特性。彩色显示也可以实现，但经验表明 B 扫描或 D 扫描的细节在灰影下（在彩色系统中，使三种色调到同样强度可以获得）能够更好地辨别出来。

色彩的主要用途是对图像的重叠加以帮助说明，或者是为了突出特点或特殊定的振幅电平，如在 SAFT 处理后的幅度测量。

近几年来，随着视频显示技术的发展，即使是很便宜的 PC 视频卡，其显示能力也能达到 16、24 或 32 位彩色，在兼容的彩色监视器上屏幕分辨率能达到 1024×768 像素（pixel）。典型的 TOFD 数据分析屏幕需要 256 级灰度等级用于 B 扫描显示，以及一些其他颜色用在显示其他部分。虽然 24 位色彩在牺牲一些高强度灰度等级后也能产生出令人满意的显示效果，但为了更好地正常显示，一般都需要 32 位的显示能力（见图 5-2）。

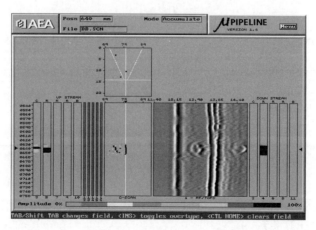

图 5-2　现代的数字检测系统（AEA 技术的μPIPELINE 检测系统）的典型分析显示结果图

4. 硬拷贝输出

在早期的 TOFD 应用中，有很多新技术运用到灰度等级显示的硬拷贝中，例如，静电矩阵打印机，屏幕照相或者用一种装有高质量的小显像管和内置照相机的特殊装置。现在，即使非常便宜的喷墨彩色打印机都可以打印出非常高质量的彩色显示，甚至比现今屏幕分辨率高得多的图像（典型的每英寸至少为 600 个像点）都可以轻松实现打印。

5. 原始数据和处理数据的存储和交换

由于储存技术的不断改进，特别是可写入光盘的发明，在计算机上长期储存屏幕显示图像已变得很容易。使用此种存储方法，原始检测数据及分析的详细数据均可稳定长期地存储在存储器上，这对于一些需要长期监控的安全性要求高的设备非常有用。

早期的 TOFD 数据是用专门发明的文件格式来存储的，这样就和其他图像显示软件不兼容。随着图像显示及商业软件的快速发展，使用标准文件格式的优点就非常明显了。有许多此类的标准格式，如 GIF（图像交换格式）及 TIFF（标志图像文件格式）均被广泛使用，而 TIFF 格式特别有用，因为它可以用附加标签的定义方式来扩展容纳额外的数据，这种数据可以由专用软件来识别。

此外，JPEG 是联合图像专家组开发的一种图像压缩格式，它提供一种有效的但有损耗的压缩技术来对图像进行压缩处理。为储存分析显示的数据，有必要减少所需要的存储空间，由于隐含数据的减少也很难用肉眼察觉出来，因此再单独存储 TOFD 的原始数据已经没有什么意义了。

三、TOFD 图像中 A 扫描数据的分析

图 5-3 所示为 TOFD 技术的波形和传播路径，简单地画出了可能产生的波形和波的传播方向；但并不代表只有图中特定的角度才会在裂纹上下尖端产生衍射路径，事实上任何角度都可以产生衍射。

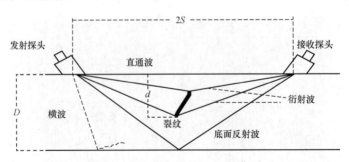

图 5-3　TOFD 技术的波形和传播路径

图 5-4 所示为对应的 A 扫描信号图像，包括主要的波形种类、各信号之间的相位关系及简单原理几何计算关系。

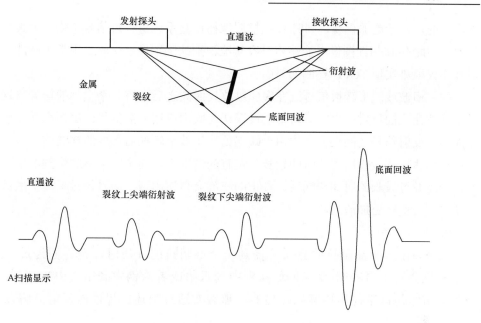

图 5-4　有缺陷的 A 扫描信号图像

1．波形种类

（1）直通波。在 TOFD 数据采集时，首先看到的是在材料表面下以纵波声速沿两个探头之间最短的路径进行传播的波，称为直通波。对于平直工件而言，就是在沿工件表面进行传播。但对于弯曲表面的工件来说，直通波就不是沿表面传播，而是在两探头间直线传播。如果材料表面有涂层，则绝大部分波束是在涂层下面的材料中进行传播。直通波不是沿金属材料表面传播的表面波（表面波为表面下横波，其幅度随着传播深度呈指数型衰减），而是声束边缘的散射波，其频率低于声束的中心频率，主要是由于较宽的声束扩散，其边缘的低频成分较大。

当探头间距较大时，直通波信号可能较弱，甚至识别不到。

由于 TOFD 扫查所发射和接收的信号在近表面区有较大的压缩，如果近表面存在缺陷，其信号可能隐藏在直通波信号之下，容易漏检，可以通过相应的数字处理技术加以克服，这在下面的章节中会进行介绍。

（2）底面回波。底面回波是声束传播到工件底面发生反射引起的，由于传播距离较大，因此是在直通波后面出现。如果探头发出的波束只能发射到工件的上部或者工件没有合适的底面进行反射，则底面回波可能不存在。

（3）缺陷信号。如果在金属材料中存在一个裂纹缺陷，则超声波在缺陷顶部尖端和底部尖端将产生衍射信号，这两个信号出现在直通波之后，底面回波之前。如果缺陷高度较小，则上尖端信号和下尖端信号可能互相重叠，给缺陷高度测量带来困难。为了提高上、下尖端信号的分辨能力，可采用的一个重要措施是减少信号的周期，即采用窄脉冲、宽频度的信号波。

由于衍射信号很弱，在 A 扫描图像中很难看清，而 B 扫描是无数个 A 扫描连续叠加产生的，显示更加直观，同时 B 扫描图像往往是系统进行过信号平均，大大提高了信噪比，因此在 B 扫描图像中能够相对容易地识别缺陷图像。这就是用常规脉冲反射超声波探伤仪很难实现 TOFD 检测的原因。

（4）横波或波形转换信号。在底面纵波反射波之后会有一个很强的信号，这个信号是由横波在底面反射产生的，通常它被误认为底面纵波反射信号。底面纵波反射信号和底面横波反射信号之间还会产生由于缺陷处发生波形转换后形成的横波信号，只不过这个信号到达探头接收所需的时间较长。在有的情况下，这个区域所收集到的信号很有价值，因为经过较长的时间传播后，真正的缺陷会再次出现，而且经过横波扩散后，近表面缺陷信号变得更加清晰。

2．相位关系

当声束由一个高阻抗的介质传播到一个低阻抗的介质时，在界面经过反射后的声束相位会发生 180°改变（例如从钢中到水中或者从钢中到空气中），因此如果一个声束初始是以正向周期开始传播的，那么在通过上述的界面时反射后将以负向周期进行传播。

对照图 5-4 中裂纹的 A 扫描图像可知，裂纹上尖端的信号就像底面反射信号一样相位发生了 180°转变，因此上尖端的裂纹信号与底面回波的相位相同。假定初始声束是以正周期传播的，那么裂纹上尖端信号和底面回波信号的相位会是负周期传播。裂纹下尖端的信号就像声束在底部环绕，相位不会发生改变，其相位与直通波相似。

有理论表明，如果两个衍射信号的相位相反，在两信号之间一定存在一个连续不间断的缺陷，只有几种特殊情况是上、下尖端的衍射信号相位相同。因此，相位的识别变化非常重要，识别了相位变化才能有助于对信号进行准确分析并算出更准确的缺陷尺寸。例如，工件中的缺陷是夹渣、气孔而不是裂纹，这时其信号没有相位变化，这是因为夹渣或气孔尺寸都太小，一般不会产生上下分离的尖端信号。

由于信号能够观察到的周期数很大程度上取决于信号的幅度，因此通常很难识别出信号的相位，对于底面回波由于信号饱和更是如此。在这种情况下，需要先将探头放置在试样上或校准试块上，调低增益，使底面回波和其他难以识别相位的信号都像缺陷信号一样具有相同的屏高，然后增加增益记录相位随幅度的变化情况。一般这种变化最易集中在某两个或三个周期内进行，信号的相位对于 TOFD 来说非常重要，因此必须采集不检波信号。

3．深度计算

采用脉冲波的传播时间并结合简单的三角函数关系可以计算出反射体的深度，而不需要像传统脉冲反射超声波检测那样测量最高波的幅度。根据信号的位置可以得出准确的缺陷尺寸、高度及距扫查面的深度。

两探头入射点之间的距离又称为探头中心距，用符号 PCS 表示。如图 5-3 所示，PCS＝2S，假定两探头相对于衍射端点是对称的，则超声波信号传播距离 L 可用下列

公式计算

$$L = 2\sqrt{S^2 + d^2}$$ （5-1）

式中 L——超声波信号传播距离，mm；

S——两探头入射点距离的一半，mm；

d——衍射端点的深度，mm。

超声波信号传播时间可以由下列公式计算

$$t = \frac{2\sqrt{S^2 + d^2}}{C}$$ （5-2）

式中 C——波的传播速度，mm/s。

通过式（5-2）可以得出衍射端点深度的计算公式

$$d = \sqrt{\left(\frac{Ct}{2}\right)^2 - S^2}$$ （5-3）

式（5-3）表明，如果衍射端点在两探头之间对称中心点的位置上，则可通过信号传播时间计算出衍射端点的深度。但是实际情况下裂纹并不在两探头对称位置上，这样算出的深度会有误差（对非平行扫查而言）。在大多数情况下，对宽度不大的 V 形坡口焊缝，缺陷偏离焊缝中心轴线并不大，因此通过上述方法计算出来的缺陷深度误差很小，误差范围一般在±1mm 之间。大多数情况下这种误差是可以忽略的，如果对于缺陷深度和高度的测量要求较高，可以增加平行扫查，在平行扫查中，不存在缺陷偏离中心轴线带来的误差。

由式（5-3）可知，TOFD 检测中，深度和时间的关系并不是线性的，而是呈平方关系，为了分析方便，需要用软件经过线性化计算得出 B 扫描和 D 扫描的线性深度图。在近表面区域中，反射信号在时间上的微小变化转化成深度可能变化较大，这样，转化成线性的深度可以延伸近表面的信号，直通波的信号则可能在比例范围之外。进行深度测量时可以将指针放在需要测量的位置上，即可读出曲线所在位置的深度。

非线性深度测量的主要影响：深度测量的误差随着接近表面而迅速增大。由于存在直通波和不断增大的深度误差，TOFD 对近表面的缺陷检测的可靠性和准确性并不高。当仅作一次扫查时，这个不能保证可靠性的近表面距离大约为 10mm。减小 PCS 或采用高频探头可以检测更多的近表面区域。例如，采用 15MHz 的探头和较小的 PCS，对工件的检测可以达到表面以下 1mm 以内的深度，不过这些措施会使检测覆盖面减小。

4. 深度校准

实际应用中，深度的计算需要考虑其他延时时间，包括在楔块中的延时，这个延时表示为 $2t_0$（μs），总的传播时间表示为

$$t = \frac{2\sqrt{S^2 + d^2}}{C} + 2t_0$$ （5-4）

深度的公式为

$$d=\sqrt{\frac{(t-2t_0)C}{2}-S^2}$$

（5-5）

已知波速，PCS 和探头的延时，就可以算出从反射体信号的传播时间。如果是通过直通波和底面回波的位置来得到波速和探头延时，误差一章将会给出更精确的深度计算方法。这个过程有助于减小任何因系统引起的误差，包括 PCS 误差。

直通波出现的时间公式为

$$t_1=\frac{2S}{C}+2t_0$$

（5-6）

底面回波出现的时间公式为

$$t_b=\frac{2\sqrt{S^2+D^2}}{C}+2t_0$$

式中　　D——工件厚度。

将以上两个公式进行转换，得到探头的延时和波的传播速度，其中 PCS=2S，则

$$C=\frac{2\sqrt{S^2+D^2}-2S}{t_0-t_e}$$

$$2t_0=t_b-\frac{2\sqrt{S^2+D^2}}{C}$$

因此，推荐在扫查前，将测得的 PCS 和工件厚度值作为文件的标题，以便于深度计算。采用 B 扫描和 D 扫描测量深度时，首先用相关的软件计算出直通波和底面回波出现的时间，计算机自动算出探头延时和波速，则在每一点的深度可以计算得出。显然，如果直通波或底面回波的信号只有其中一个可以利用，波速或探头延时就必须输入到程序中。

5. 测量各种信号的到达时间

由于不同信号的相位不同，为了得到最准确的深度值，必须考虑各种信号出现位置处的相位。这主要取决于几个参数的测量值。一个是信号的峰值，由于底面回波通常处于饱和，其峰值测量较难。测量时间的点建议选在周期从正变成负时的过程中。B 扫描和 D 扫描的曲线指针可以显示数值，因而从正到负的点可以读出其数值，反之亦然。一般选择的点是幅值最接近零的点。

图 5-5 所示为用来测量时间的各种波可选择的测量位置。如果直通波从正周期开始，那么选择起始点作为测量位置。相应的时间点在底面回波上也选择起始周期测量，因为底面回波从负周期开始，相位与直通波相反。但是在图 5-5 中，底面回波是从第二个负周期开始测量，因为第二个周期的波幅更高，周期更多。第二个负周期在这点的时间被认为与直通波的时间相对应。对于裂纹的衍射信号，上尖端信号从第一个负周期开始测量，下尖端信号从第一个正周期开始测量。

上面介绍的是理想状态下或以前老式仪器中的测量方式。现在实际应用中，由于噪

声信号等的影响，很难准确找到起始的零点位置，因此一般测量第一个峰或谷的位置，如图 5-5 所示直通波的第一个波峰、底面回波的第一个波谷、缺陷上端的第一个波谷、下端的第一个波峰。

6. 检测时 PCS 的初始化

对于一个非平行扫查，PCS 的最佳选择是超声波波束中心打在工件厚度的 2/3 处，这样一般能够覆盖焊缝的大部分区域。

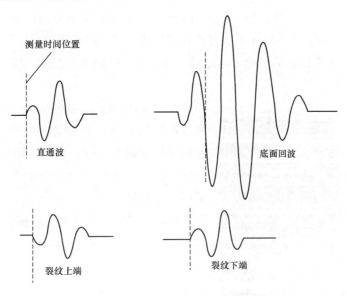

图 5-5　各种信号的相应测量位置

如果主波束在工件中的角度是 θ，聚焦深度在工件厚度的 2/3 处，则

$$2S = \frac{4}{3} D \tan \theta \qquad (5-7)$$

式中　D——工件厚度。

四、图像数据分析

在 TOFD 检测中，数据采集是一个相对简单的工作，而最重要和最困难的是对图像数据进行正确分析。对 TOFD 检测出的任何缺陷信号，都应有缺陷位置、长度、深度、高度、缺陷类型等参数的描述。对于缺陷定位、定量和高度的测量都需要借助于抛物线指针工具，因此本节首先介绍有关抛物线指针技术的有关知识，然后分别从如何对缺陷位置、长度、深度、高度、性质等方面进行介绍。

1. 用于缺陷定位和定量的曲线拟合指针

（1）点状缺陷的特征弧线拟合。A 扫描的一个突出缺点是信号的识别性不好。TOFD 技术是通过连续扫查取得数据后将大量 A 扫描信号集合形成图像，在 TOFD 的 B 扫描或 D 扫描中，缺陷的识别比在 A 扫描中识别要容易得多。虽然在 TOFD 图像中，由于声束扩散，缺陷信号呈现特别形状，但只要掌握 B 扫描或 D 扫描信号显示的特点和规律，识别缺陷并不困难。

对于典型的 B 扫描或 D 扫描图像而言，缺陷端点会形成一个向下弯曲的特征弧形显示，这是因为在 TOFD 扫查过程中，由于缺陷衍射信号的传输时间随着探头位置的变化而变化，因此无论是 D 扫描还是 B 扫描，无论是点状缺陷还是线性缺陷，缺陷的端点都会形成一个 TOFD 技术特有的、向下弯曲的特征弧形显示。

设想在均匀厚度试块上的单个点衍射，当这个点位于声束中心线所在的垂直平面上并且到两探头的距离相等时，信号传输时间最短。如果探头装置向任何方向稍微移动一点，信号仍然会存在，因为这个点仍在声场范围内；但是距离增加，信号传输时间变长，显示屏上信号出现的位置会有延迟。这样，通过连续扫描就会产生一幅具有向下弯曲特性的显示图像。

在 TOFD 图像中的缺陷显示为一种特殊弧线，通过肉眼观察或用十字光标的方法都无法判定信号的深度和缺陷尺寸。需要应用特殊的工具——抛物线指针，才能对 TOFD 图像中的缺陷进行位置和长度测量。

点状缺陷的特征弧和光标拟合见图 5-6。将抛物线指针与信号的特征弧线拟合后，可以读出信号位置。如果光标与左右弧线完全拟合，说明缺陷就是一个点。如果光标与左右弧线不能拟合，则说明缺陷可能有一定长度，应按照线性缺陷测量方法拟合。

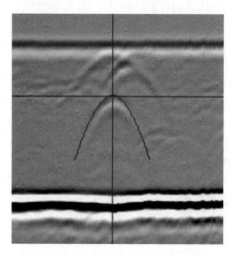

图 5-6　抛物线指针用于点状缺陷的测量

（2）线性缺陷的特征弧线拟合。以上讨论的是点状缺陷，而对于线性缺陷，如果其处于水平位置（与工件表面平行的缺陷大多是内部缺陷，如未熔合、层间未熔合、夹渣等），且探头装置移动方向与缺陷走向一致，则移动过程中始终有位于探头声束中心线所在垂直平面上的点的衍射信号最先被接收。虽然由于波束扩散，接收到较远点的衍射信号应使图形表现为弧线，但由于整个条形缺陷所得到的信号是沿缺陷长度方向的所有弧形曲线的总和，各信号产生相互抵消性干涉，使缺陷中部各点衍射信号所给出的组合图像是直线，只有在缺陷两端出现类似点状缺陷的特征弧形轨迹。图 5-7 所示为与表面平行的线性缺陷的 D 扫描图像。该图形是一个条形缺陷的信号图形。

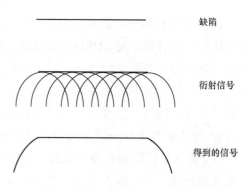

图 5-7　与表面平行的线性缺陷的 D 扫描图像

在 TOFD 扫描图像中，用抛物线光标拟合测量线性缺陷的方法是先用红色光标拟合缺陷左端点弧线，再用蓝色光标拟合右端点弧线，就可以测量出缺陷的长度尺寸。

（3）弧形拟合指针的设计。抛物线指针是 TOFD 数字仪器提供的一种测量工具，该指针可以灵活地来回移动，在不同深度上给出不同曲率的弧线，以便与缺陷显示的特征弧形拟合，从而得到缺陷准确端点位置。

设计指针需要知道不同位置的衍射信号曲线形状。由于缺陷端点发生的向下弯曲的特征弧的形状与缺陷深度、探头间距和探头移动的方向有关，因此可以通过数学公式计算出弧线的形状。不论是 B 扫描还是 D 扫描，任何深度上的端点特征弧线形状都可以用公式确定。

确定不同深度上的端点特征弧线形状公式的数学模型时，首先设定一个简化的条件，将发射和接收探头固定于平面的表面，然后让一个深度 d 的球孔沿着与板表面平行的路径移动，由此计算出缺陷衍射信号的传输时间。该传输时间是沿缺陷移动方向上距离的函数。如规定坐标的原点位于检测表面，同时规定发射探头位于点（$-S$，0，0），接收探头位于（S，0，0），如果缺陷位于点（x，y，$-d$），那么传输时间 t 可用下式计算

$$t = \frac{\sqrt{(x+S)^2 + y^2 + d^2} + \sqrt{(x-S)^2 + y^2 + d^2}}{C} \tag{5-8}$$

在设定的情况下，当探头沿 y 轴扫描，对称于缺陷两侧（D 扫描），在该条件下，$x=0$，有

$$\frac{C^2 t^2}{4k^2} - \frac{y^2}{k^2} = 1 \tag{5-9}$$

式中 y 给出了扫描位置，且有 $k^2 = S^2 + d^2$ 为常数，则公式为双曲线方程。尽管双曲线方程是在上述特定条件下推出的，但可以证明，信号轨迹在所有扫描路径下都有相同的几何图形。这里特别指出，对于 B 扫描，缺陷信号轨迹并非单纯双曲线，但与其十分相似。

（4）抛物线指针的作用。结合上面介绍的内容，概括起来抛物线指针直接用于原始数据（线性时间）有以下三个用途。

第一，测量指针交叉位置的深度，同时还可测出波幅，以便通过相位得到正确的深度位置。

第二，识别并排除小缺陷，如气孔。移动指针使抛物线与 TOFD 信号拟合。如果相重合，则认为缺陷较小，长度小于 4mm。

第三，测量缺陷的长度。

2. 信号位置的测量（定位、定量、高度和深度）

对平板焊缝之类几何简单的工件，信号位置的测量包括三个参数，即距离检测面的深度（Z）、平行焊缝方向上距扫查起点的位置（X）及垂直焊缝方向的横向距离（Y）。

TOFD 技术采用光标对信号位置或信号传输时间进行测量，所用的光标工具有两种：一种是十字光标，用于从 A 扫描信号中测量数据；另一种是抛物线光标，用于从 D 扫描信号中测量数据。

距离检测面的深度（Z）包含实际检测时需要知道的缺陷的深度和高度信息。对于TOFD技术来说，缺陷的高度和深度根据上、下尖端衍射信号与直通波的时间差确定（直通波相位与上尖端衍射信号相反，与下尖端衍射信号相同），具体实现方法是根据 D 扫描或 B 扫描图像，其灰白颜色代表信号的正负相，对照 A 扫描波形显示，使一个指针放在图像上端点的负相（正相也可），另一指针放在下端点的正相，此时显示的差值就是缺陷高度，深度自然也就知道了。当然对于测量精度要求不太高，采用非平行扫查得到的D 扫描图像进行缺陷的深度和高度测量就足够了。如果对测量精度要求非常高，还需要对缺陷增加平行扫查，从 B 扫描图像上进行测量。

参数（X）用于确定信号沿扫查线的位置和缺陷长度，测量参数（X）的前提是应确定扫查的起始点，探头移动时，仪器通过编码器记录下每一个 A 扫描信号相对起始点的位置。通过移动十字光标就可以从记录中得到任意一个 A 扫描信号的参数（X）。对于缺陷测长，与常规超声波脉冲反射法不同，TOFD 图像中缺陷的两端由于波束扩散信号形成弧形，因此在测量缺陷长度时采用特殊的抛物线指针让抛物线与图像的弧形相吻合，此时指针的中心线对应缺陷的端点，这样这两个指针位置间的距离就是要测量的缺陷指示长度。当然这种测量方法对近表面缺陷特别有效，因为双曲线信号的弧线在扫查方向上是窄形的，对光标定位时非常清晰。而对于有一定深度的缺陷，因为弧线是宽的，其测量精度要低一些。同时如果缺陷的边缘是弯曲的或倾斜的，其测量精度也不会很高。在这两种情况下，用合成孔径技术（SAFT）可以得到更精确的长度测量。

在常规超声波检测中，缺陷在焊缝横向上的位置是通过测量缺陷距离探头前沿的位置确定的，而在 TOFD 检测中，如果要确定缺陷信号的横向位置（Y），就必须在缺陷的上方进行平行扫查。而使用一对探头进行非平行扫查无法测定横向位置参数（Y），因为在非平行扫查中，以两个探头为焦点的椭圆轨迹上，有无数个点的声束路径长度相等或声波传输时间相等。

进行平行扫查时应首先确定扫查的起始点，以扫查前两个探头中间的对称点为位置零点，使用编码器记录下探头移动过程中每个 A 扫描信号相对起始点的位置，在平行扫查的记录上用光标测量信号的声程最小位置，该数值就是缺陷位于探头中间的对称位置的信号，即参数 Y 的数值。

3. 缺陷性质的判定（定性）

缺陷定性跟常规超声波检测一样，TOFD 技术对于缺陷的定性比较困难，这需要检测人员除了解信号特征外还要了解尽可能多的工件及焊缝背景知识。对于有自身高度的内部缺陷，观察其上、下尖端的衍射信号的相位很重要，上、下尖端的相位是相反的。

（1）气孔和夹渣。因为平面型缺陷（如裂纹）一般造成的后果更严重，因此区分缺陷是体积型缺陷还是面积型缺陷非常重要。体积型缺陷的典型实例就是气孔和条形夹渣。小夹渣和气孔长度及高度都不大，在 D 扫描中产生的信号看起来像弧形。如果是条形夹渣有一定长度，则有一个相当长度的平直信号（见图 5-8）。通常它们的形状就是这种特征，因此很容易识别。

如果存在群气孔，可能有必要测量出它们的体积，如果超出标准规定则需要记录它们的大小。

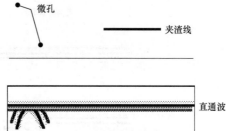

条形夹渣可能是在焊接过程中留下的，反映出来的是相似的回波，但是它们要更长一些。这些缺陷经常断成几节，如图 5-9 所示。

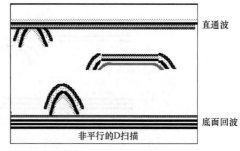

一般来说，它们的高度太小，不可能有单独的顶部和底部衍射信号。很少有气孔或夹渣具有可分辨的深度，并显示一个分开的单独的顶部和底部信号。这两个信号应该显示一个相位差，但是难以辨认，因为从圆形目标尖端的信号判断，类似气孔和夹渣，上端是反射信号，信号很强，只有下部的回波是衍射波。

图 5-8　D 扫描中气孔和夹渣的显示图像

（2）内部裂纹。类似内部裂纹的缺陷，其记录信号是由顶部和底部尖端行衍射波组成（见图 5-10）。两个信号的振幅应该都比较弱而且有相似的振幅。相位信息是非常重要的，如果相位相反，信号肯定属于同一缺陷。对于一个非平行扫查，如果缺陷不是接近于两个探头的中线，则在评估高度时出现一些误差，评估深度时出现较大误差。

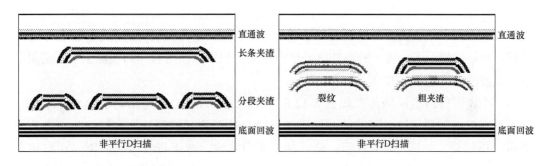

图 5-9　长条形夹渣的图像　　　　　　图 5-10　内部裂纹和粗夹渣

如果内在体积型缺陷或条渣有足够的高度，同样看起来也像裂纹（参见图 5-10），只是通常上尖端信号更明亮。缺陷和缺陷间的裂纹尖端轮廓不同，所以只有振幅差可以作为参考。如果对该解释有怀疑，可以通过利用各种角度的横波探头来帮助区别面积型和体积型缺陷显示。

（3）上表面开口型裂纹。上表面缺陷会改变直通波形状。如图 5-11 所示，给出了平行扫查和非平行扫查显示。扫查时，探头可能受到发射角度影响，致使直通波上下波动，难以发觉该缺陷。如果使用早先提到的软件来拉直直通波，则必须很好地进行这项工作，在这个情况下，为了保存被遮挡在直通波内的真实信号，可以校直图像的底面回波信号。因为探头发射时直通波和底面回波信号都同时移动。

这些缺陷的信号只有缺陷下尖端回波的信号，因此显示没有相位改变。

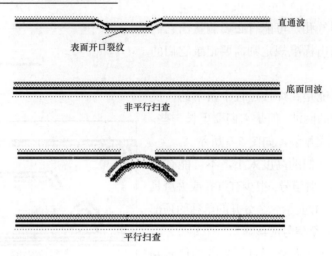

图 5-11　上表面开口型裂纹图像

为了校核这种缺陷，可以使用一个带角度的爬波探头或使用一个带某个角度的横波探头利用底面回波的一次反射的端角反射信号来寻找。

（4）底面开口型裂纹。底面开口型缺陷在非平行扫查中的形状如图 5-13 所示。底面开口型裂纹由一个从底面回波开始移动，然后又回到底面回波的信号表示。该裂纹尖端的衍射信号有一个相位改变。

靠近底面的单一信号很难解释，因为有许多种可能会出现这种情况。例如，它可以是一个条渣或一个表面开口型裂纹。通常条渣比裂纹产生更强波幅的信号，但也不总是这样。在这种情况下，唯一的办法就是进行更多的扫描，使用脉冲回波探头进行端角反射或爬波回波可能更有效。

一个表面开口型缺陷具有如图 5-12 所示的轮廓。当缺陷角度相对于边来说相当陡峭时，则衍射效果下降，裂纹的回波可能不能自始至终延伸到底面。气孔和夹渣的回波可能比较陡，如图 5-13 所示。延伸超过底面回波，然而裂纹的回波则停止得相当地突然。

图 5-12　底面开口型缺陷轮廓

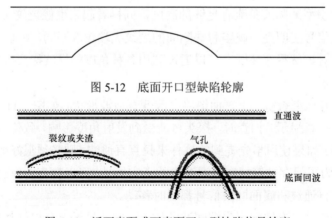

图 5-13　近下表面或下表面开口型缺陷信号轮廓

如果对已经采集的数据进行按常规采样间隔 SAFT 处理，可能有助于除去在底面附近的气孔和夹渣信号，因为它们变成直线而不是表面开口型裂纹的椭圆形状。

（5）缺陷轮廓变化的影响。如果缺陷轮廓在水平方向上沿着焊缝方向变化，并且如果缺陷倾斜面变得陡峭，那么衍射的效果就会降低，并且可能会有幅值的变化，D 扫描中信号也随深度变化而改变。图 5-14 给出一些实例，信号的这种图案将有助于体现缺陷的轮廓。

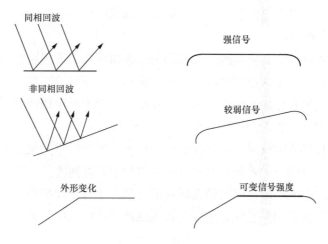

图 5-14 缺陷轮廓的改变导致的信号强度变化

抛物线指针可以模拟一个假设的点状反射体的信号。把这个光标分别放在信号两端，拟合两端的抛物线，从而可测量缺陷横向长度。如果它是裂纹边缘处得到的衍射信号，则正常抛物线光标应该能很好地拟合信号侧边。然而，如果该裂纹是倾斜的或轮廓有改变的，则该拟合可能不好（见图 5-15），当然出现这种情况也是轮廓改变的一个显示。

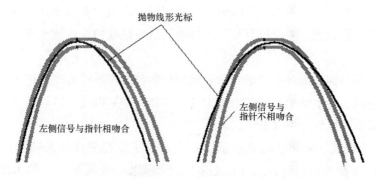

图 5-15 缺陷轮廓是曲面时抛物线指针的使用

（6）焊缝根部缺陷和底面回波特征。使用 TOFD 进行焊缝根部腐蚀检测是很常见的，特别是海上石油行业。在焊接过程中，只有几种缺陷可能出现在根部，主要是咬边、未焊透和错边等。对于常规脉冲回波检测而言，由于普遍带有各种误差，使得现场检测焊缝根部裂纹很难，对于 TOFD 而言则比较容易，这主要是因为用 TOFD 进行 D 扫描有记录，TOFD 裂纹信号可识别。

由于焊缝典型缺陷的存在，在 TOFD 扫描中可能会导致几个信号靠近底面回波，如果它们在高度上有所改变，则在外形上看起来很像裂纹。通常，如果这种回波出现，底面回波将分成两个或更多部分，该信号将比从裂纹上得到的信号长得多，并且振幅更大。焊缝没对正将导致底面信号加倍乃至三倍，且同样比裂纹产生许多更高更长的振幅。

不同厚度的板、管焊缝的扫描同样可能会导致底面回波加倍，且可能会覆盖一部分需要检测的真实焊缝区域。

（7）裂纹清晰度。在高应力区，裂纹的两个侧面可能受力强制紧紧贴在一起，用超声波不能分辨分界面，无法觉察回波。这种情况只会在裂纹的一部分发生，可以从其他部分获得信号。如果有怀疑，可以使用一个较低频率乃至利用横波进行再次检测，因为用其他波长检测裂纹可能不会如此明显。

在对裂缝进行尺寸定位时，可以看到相似效果。裂缝经常充满油脂或耦合剂，因此从裂纹充满空气（提供声学差异）的部分可能看到不同的回波。

（8）横向缺陷。人们通常假设的现场缺陷类型是平行于焊缝的。但是，事实上横向缺陷也存在，这些缺陷和焊缝成直角。在常规脉冲回波检验中，可以使用一发一收探头组，让探头组倾斜着扫查，这样可以发现横向裂纹。

在常规 TOFD 非平行扫查中，探头沿焊缝扫查，可以看见横向裂纹信号，但是没有长度，图像很像平行扫查越过一个标准裂纹时的信号。因此它很可能被忽略，原因是看起来像是来自于一个微细的反射体的信号，如气孔。

因此如果不怀疑存在横向裂纹，很可能在沿着焊缝的常规非平行扫查中漏掉这些缺陷。因此在检测方案中非常明确地指出横向裂纹可能或不可能存在，是否需要做进一步扫查来发现它们，这一点是很重要的。如果要检测，那么在非平行扫查中每个小信号都必须做进一步扫查，可以在有显示的位置沿着焊缝方向做一系列平行扫查，也可以沿焊缝做正常的非平行扫查，要跨过有显示的位置。这些辅助扫查应该阐明这些显示的长度是否正常。

（9）无法分类的缺陷。不可能对所有检测到的信号都进行分类，这可能是因为裂纹锯齿状的轮廓或其他复杂形式或其他类型的反射体。如果能进行更详细考察，更准确的证实，这种显示可以作为裂纹看待。

（10）用于表征缺陷详细特征的辅助扫查。为了获得更详细的缺陷位置和类型信息，需要对扫查参数和扫查方式进行更多的详细调整，如采用不同的角度、频率和探头中心距。

1）扫查方式可以准确定位出缺陷相对于焊缝中心线的位置，也能帮助辨别在非平行扫查图谱中显示的某个缺陷图形里是否有多个缺陷存在，例如在焊缝两面都存在坡口未熔合时。

2）如果信噪比太低不能识别信号，可以使用低探头频率，但是会导致更大的直通波盲区，同时降低分辨率。

3）使用高频率可以获得更高的分辨率，提高尺寸测量的精度，减少直通波盲区，但是会降低信噪比和扫查范围。

4）减小探头角度（同时减小探头中心距）可以使直通波和底面回波之间有更长的时间间距，从而提高分辨率，提高尺寸定位准确度，减少盲区，同时会减小覆盖范围。

5）使用不同偏移量的非平行扫查可以获得最佳指示位置，且通过利用轨迹绘图来确定缺陷可能的走向。

6）对于近表面或表面开口型裂纹，在扫查面或底面使用爬波、带角度的横波探头或磁粉、涡流技术来辅助检测，可以帮助对 TOFD 信号的分析。

7）可以利用串列式脉冲反射回波技术来检测内部裂纹（特别是当相位关系无法确定时）。

五、分析软件

对于 TOFD 检测，无论是非平行扫查得到的 D 扫描，还是平行扫查得到的 B 扫描，都是帮助检测人员对被检工件进行判断，是否存在缺陷或者对缺陷测量参数的重要图像，B 扫描或 D 扫描均是由连续的 A 扫描数据累积形成的。将 A 扫描图像转换成 B 扫描图像需要运用许多数字化处理技术，下面介绍几种 TOFD 检测中常用的技术。

1. 线性化校准

在 TOFD 检测中，B 扫描或 D 扫描是由连续的 A 扫描数据累积形成的。A 扫描中包括一系列基于时间的数据采样。由于 TOFD 采用一发一收设置，所以在 B 扫描（或 D 扫描）图像上，其刻度在深度方向上是非线性的。利用线性软件可将数据转换为线性深度。TomoView 软件是根据直通波和底面回波的位置计算声速和探头延时，从而进行深度校准。

当线性处理后的数据显示在屏幕上时，可以通过指针直接读出信号深度。

2. 直通波/底面回波的拉直和去除

如果工件表面很平滑，平稳扫查，整个扫查过程中，PCS 不发生变化，那么在 B 扫描图像上，直通波信号就是一条很平直的直线。分析软件中，近表面缺陷可能会隐藏在直通波中，上表面开口型缺陷会导致开口处的直通波信号轻微下凹。对于隐藏在直通波中的缺陷信号，可以通过去除缺陷位置附近的直通波信号，把它显示出来。在去除直通波信号之前，首先要把直通波信号拉直。因为扫查系统跟工件表面是柔性接触，加之工件表面的不规则性，会导致 PCS 的轻微变化，从而导致直通波信号本身呈凹凸不平的不规则直线（对其他信号也会产生影响），这样会对直通波中隐藏的缺陷信号的识别造成很大困难。所以对直通波进行拉直处理是必要的。

对直通波信号进行拉直处理，首先需要定义一个直通波信号相对平直且没有明显缺陷的区域，从而计算出一个平均信号。定义需要拉直的区域，选择相关操作，TomoView 软件将沿着所定义的区域移动平均信号，确定每个 A 扫描信号和平均信号之间的时间偏差（注：同时生成新的图形文件），这个时间偏差确定了平均信号和新生成的 A 扫描

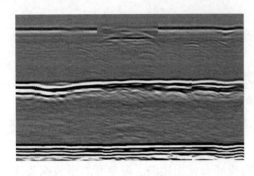

图 5-16　直通波去除的例子

信号之间新的关联。在重新生成的文件中，每个 A 扫描信号均偏移了上述操作中所确定的时差。

直通波拉直以后，下一步就是从指定区域去除直通波信号，图 5-16 就是一个去除直通波的例子。

根据软件的能力，在复杂情况下，可能在选定区域进行多次操作，才能获得满意的结果。

3. 合成孔径技术（SAFT）

合成孔径技术（SAFT）根据探头不同位置的数字化射频波形来综合处理大晶片探头的影响。宽波束处理后得到的窄波束宽度等于晶片直径的一半（见图 5-17）。因为较深的缺陷长度通常小于波束扩散的宽度，常规脉冲回波技术难以对其长度或高度进行精确定量；但通过 SAFT 减少波束扩散的影响，可以对其进行半波高度法测长。

SAFT 处理还可以提高信噪比，可以对小缺陷在长度方向上进行精确定量。SAFT 技术只对超过两倍近场区的范围有效，对 TOFD 技术 B 扫描数据进行处理并产生新的输出文件。

SAFT 处理如图 5-18 所示。扫查过程中由于超声波波束发散，从反射体上得到的数据具有特定显示。根据实际几何情况，可以计算出给定深度的点状反射体的信号显示并进行校正

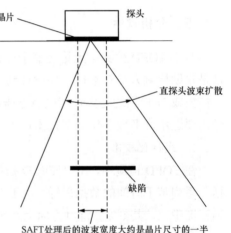

图 5-17　SAFT 对波束扩散的影响

（见图 5-18）。从点状反射体上得到的 A 扫描信号需要进行时间位移计算。对特定深度的真实反射体上得到的 A 扫描施加精确的时间位移，会获得一个较大的信号，否则得到的合成信号会较小。因此在输出图像中只显示探头波束中心的反射信号，探头发散波束的反射信号都会消失。在图 5-18 中的反射体为点状，而实际缺陷都有一定长度，SAFT 处理过程完全一样，只不过处理后的信号具有了长度。

通过在合成信号上进行-6dB 定量技术，可以精确测量反射体长度。输出信号的信噪比也会提高，这是因为时间位移和求和处理减少了 A 扫描中随机的噪声信号。另外，由于信号是不检波的，随机的正向信号会与负向信号相互抵消，SAFT 只对不检波信号有效。

SAFT 处理中，必须对图像中的每个点进行时间位移和求和处理，因此需要较长的处理时间。时间位移运算是基于反射点的深度和用户所采用的探头孔径，即一定数量的 A 扫描信号。从记录的 B 扫描图像上导出的孔径尺寸，是当探头扫查到一个反射体后获得的 A 扫描信号的数量。

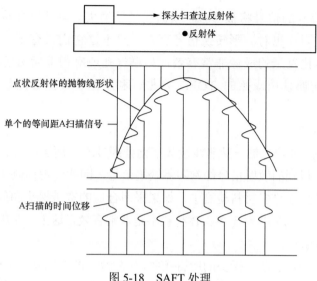

探头扫查过反射体

●反射体

点状反射体的抛物线形状

单个的等间距A扫描信号

A扫描的时间位移

图 5-18 SAFT 处理

TOFD 有两种扫查方式，即平行扫查和非平行扫查。由于不同扫查类型的 SAFT 运算方法稍有不同，因此在文件标题中需要准确注明扫查方式。

对常规超声波检测技术来说，距离越远的反射体，其横向分辨力越低。而在合成孔径聚焦技术中，可以通过增加扫描距离抵消距离增大的影响，扫描距离越长，合成孔径长度就越长，合成阵的角分辨力就越高，横向分辨力也就越高。在合成孔径聚焦扫描中一般采用小直径探头，这是因为探头直径越小，波束展开角就越大，所能形成的合成孔径长度也就越大，横向分辨力也就越高。

Burch 于 1987 年发表了两种方法测量误差比较结果的文章，一种是 6dB 法测长，另一种是首先将数据经过合成孔径聚焦技术（SAFT）处理，然后使用 6dB 法测长。用 r/N 描述缺陷位置，其中 r 是缺陷到传感器的距离，N 是探头近场距离。当 r/N 较大时，意味着缺陷深度较大，长度测量误差也就更大。按 Burch 的分析，当通过 SAFT 法获得相当于探头晶片宽度 1.5 倍的横向分辨力时，对 $r/N=2$ 的深度，未处理数据和用 SAFT 处理的数据得到的缺陷尺寸没有大的差别；当 $r/N=4$ 时，对于小缺陷（如长度为传感器直径 0.2 倍的缺陷），用 6dB 差法测得的缺陷宽度和传感器直径之间比值最大值：未处理数据为 0.8，经过 SAFT 处理过的数据为 0.5；当 $r/N=7$ 时，且当缺陷长度为传感器直径的 0.2 倍时，通过 6dB 差法对未处理数据求出的缺陷宽度为传感器直径的 1.6 倍，这个尺寸是实际尺寸的 8 倍，而通过 SAFT 法处理过的数据，得到的结果是 0.6 倍的传感器直径，也就是实际尺寸的 3 倍。

TOFD 技术比较适合采用合成孔径聚焦法，因为其声束扩散角大，而且 TOFD 检测过程中采集的时域和频域信息完全能够满足信号重建和处理要求。合成孔径聚焦法虽然可以提高分辨力和信噪比，但处理过程需要一定时间，因此一般在脱机状态下应用，通过专用软件完成。

对于 TOFD 数据，SAFT 可用于改进缺陷测长精度、消除噪声和简化复杂情况。

从真实反射体上得到的信号将被增强，双曲线形状消失。同时随机噪声信号的波幅将大幅降低。SAFT 同样也对波形转换信号有效，只不过它们具有不同的声速和特征显示。SAFT 对于简化复杂的成像非常有效，如群气孔或靠得非常近的缺陷。但是，许多操作人员还是宁愿使用原始的 TOFD 数据，利用抛物线指针测量缺陷，而不采用 SAFT 处理。

4. 频谱分离处理

频谱分离处理（SSP）是一种非线性数字化处理技术，用于改进粗晶材料成像的信噪比。粗大晶粒上得到的散射信号经常覆盖缺陷信号，因此使得检测非常困难。SSP 类似于一种滤波处理，在许多材料检测中，如果采用合适的宽带探头和处理工艺，可以大幅度改进检测结果。但 SSP 对于奥氏体材料不是非常有效，这主要是因为晶粒排列异向造成的各向异性导致的。

理论上缺陷信号可能包含探头的所有频率，从晶粒上散射的超声波也具有相应频率。晶粒散射将干扰和破坏缺陷的信号。SSP 技术是通过提取出每个 A 扫描信号的频谱，然后将带宽分成适当数量的窗格（40 或 50 个），每个窗格中代表超声波波束中不同频率能量的变化。一般选择波幅最低的窗口（波幅最低的方块），然后用该窗格来重建信号。这是因为波幅最低的位置，没有晶粒噪声，只有缺陷信号。

5. 轨迹绘图

以不同的探头位置或间距进行多次非平行扫查，根据每次扫查衍射信号的到达时间绘制轨迹图，轨迹相交的点为缺陷位置。这种方法通常用于探头位置受限的复杂几何外形工件的检测。模拟运算通常用于轨迹曲线的绘制和波形转换信号的分析。

第六章
TOFD 检测技术的应用

第一节　TOFD 检测实验分析

一、概述

TOFD 检测技术以其在缺陷检出率及精确定量方面具有明显的技术优势，在众多检测技术中脱颖而出，得到业界的接受和认可。近年来，国内同行对焊缝缺陷的精确测量，特别是在役设备裂纹高度的测量投入了大量的精力，取得了一定的效果。本节通过几个实验来介绍 TOFD 在缺陷精确测高方面的技术优势。

二、实验比较

TOFD 数据采集使用加拿大 RDTech 公司的 OmniScanMX 超声波探伤仪、5MHz ϕ3mm 纵波探头（1 对）、45°楔块。

采用平行扫查，探头中心距按 PCS=2×（2T/3）×tanθ选择。

实验选用 2 块 0.2mm 宽线切割槽试块（试块 A、B）和一裂纹试块（试块 C）。

1. 线切割槽试块 A 实测实验

采用图 6-1 所示试块 A（长 160mm、宽 50mm、厚 40mm）。

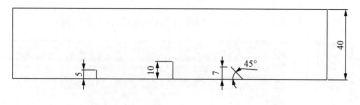

图 6-1　线切割槽试块 A（单位：mm）

按 TOFD 检测采集的各切割槽的 A 扫描、B 扫描数据见图 6-2～图 6-5 和表 6-1。

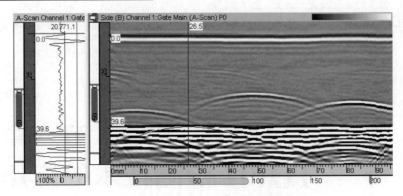

图 6-2　试块 A 中各槽 TOFD 数据

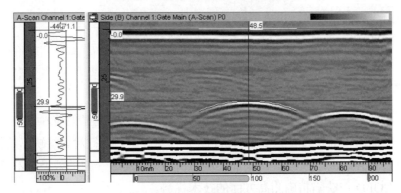

图 6-3　10mm 线切割槽端点 TOFD 测量

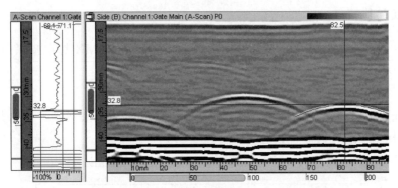

图 6-4　高 7mm 45°斜线切割槽端点 TOFD 测量

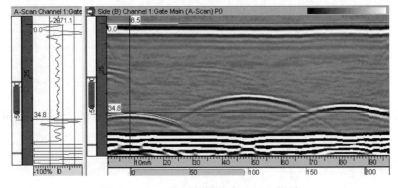

图 6-5　5mm 线切割槽端点 TOFD 测量

表 6-1	试块 A 实测数据结果		mm
项目	缺陷自身高度 / 距上表面距离（按壁厚 39.6 计算高度）		距上表面实际距离
10mm 线切割槽	9.7	29.9	30.0
7mm 45°斜线槽	6.8	32.8	33.0
5mm 线切割槽	4.8	34.8	35.0

注　TOFD 测得试块厚度为 39.6mm。

2. 人工线切割槽试块 B 实测实验

采用图 6-6 所示试块 B（长 160mm、宽 40mm、厚 47mm）。

图 6-6　线切割槽试块 B（单位：mm）

按 TOFD 技术测得的衍射波 A 扫描、B 扫描数据见图 6-7～图 6-9 和表 6-2。

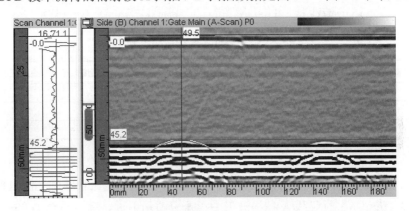

图 6-7　2mm 线切割槽上端点 TOFD 测高

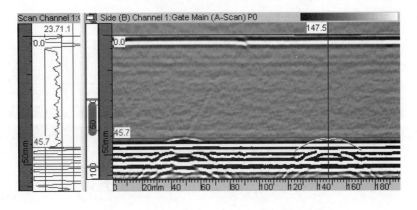

图 6-8　1.5mm 线切割槽上端点 TOFD 测高

115

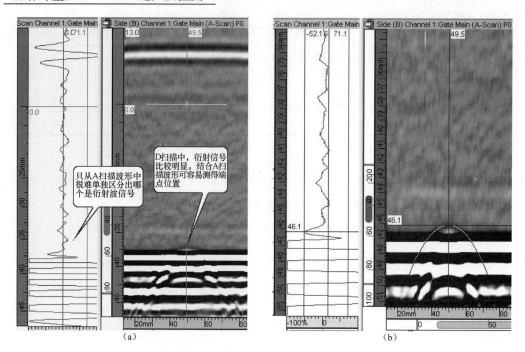

图 6-9　1mm 线切槽上端点 TOFD 测高

（a）1mm 线切槽上端点衍射波图像；（b）1mm 线切槽上端点 TOFD 测高

表 6-2　　　　　　　　　　　　　　　**试块 B 实测数据比较**　　　　　　　　　　　　　　　mm

线切割槽高度	缺陷自身高度 / 距上表面距离（按壁厚 47.0mm 计算高度）		距上表面实际距离
2mm	1.8	45.2	45.0
1.5mm	1.3	45.7	45.5
1mm	0.9	46.1	46.0

注　TOFD 测得试块厚度为 47.0mm。

　　由此可以看出：在线槽自身高度较小时，TOFD 技术仍能比较精确地测量槽的高度；在自身高度 1mm 左右时仅从 A 扫描波形中很难分辨衍射波，需要结合 D 扫描图像同时进行辨认。

　　3. 裂纹试块实测实验

　　采用图 6-10 所示下表面开口紧闭的裂纹试块 C（长 160mm、宽 40mm、厚 48mm），试块上裂纹的高度通过侧面磁粉检验测得。

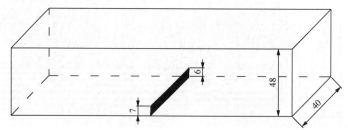

图 6-10　开口很小的裂纹试块 C（单位：mm）

按 TOFD 技术测得的衍射波 A 扫描、B 扫描数据见图 6-11 和表 6-3。

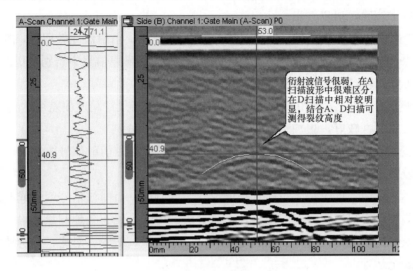

图 6-11 裂纹试块 C 的 A 扫描、B 扫描

表 6-3 　　　　　　　　　　　　　　　　　**试块 C 实测数据** 　　　　　　　　　　　　　　　mm

项　　目	距上表面距离 / 缺陷自身高度（按壁厚 48.0mm 算）		距上表面实际距离
裂纹试块	7.1	40.9	41～42

注　TOFD 测得试块厚度为 48.0mm。

　　试验中使用常规超声波将端角反射波调至 80% 后，重复扫查，逐步增益 30dB，直到噪声信号达 20%，仍未发现可识别的独立的衍射波信号；在 TOFD 检测数据中，可以看到仅从 A 扫描波形中也很难区分衍射波。由此可以看出，开口很小，内部紧闭的裂纹，衍射波信号并不如想象中明显，仅从 A 扫描波形中基本不能区分衍射波与噪声。这主要是由于裂纹两个面接触很紧密，大部分的声波穿过了裂纹，导致衍射能量明显降低。不过在 TOFD 中结合 B 扫描时还是较好识别。

　　在实际检测中通常遇到由夹渣或其他体积型缺陷扩展的裂纹或局部开口较大的裂纹，对于这些裂纹通常在测高时会发生测量结果比实际高度偏小的情况。这就与试块 C 的情况非常类似，见图 6-12，在 a 点位置由于裂纹结合紧密，大多数声波透过裂纹，仅有部分能量转化为衍射波，b 点位置由于开口较大，声波无法穿过，衍射能量较强，波幅也较强。在实际检测中若数据采集不合格或灵敏度偏低会导致 a 点衍射信号不可见，仅把 b 点当作上端点，从而导致测高偏小、缺陷定性出现偏差。因此在检测中需要对每个有怀疑的信号进行

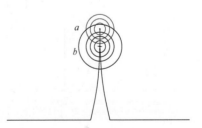

图 6-12 裂纹不同位置的衍射信号

重点分析，必要时应改变检测参数针对可疑部位重新采集数据。

4. 结论

通过以上实验，可以看出：

（1）当底面线切割槽自身高度为 5mm 左右及以上时，衍射波比较明显，能与噪声信号区分开来；2mm 左右时 A 扫描单独显示情况下很难从噪声信号中辨别出衍射波。但在 B 扫描上可以比较容易地识别缺陷衍射信号。

（2）在实验试块上，使用 TOFD 法测得的切槽端点与尺寸精度偏差可达到±0.3mm，精度高，且重复性较好，更加直观。

（3）线切割槽端点比裂纹端点衍射波信号强。裂纹端点衍射信号能量低，仅依靠 A 扫描信号较难区分衍射波信号与噪声信号。

在实际工作中，由于缺陷可能存在的形式千变万化，衍射波信号或强或弱，特别是危害性缺陷裂纹等衍射信号有时很弱，不易分辨。为了准确有效地测量缺陷高度实现对重要部件缺陷的监控与评估应尽量选用 TOFD 法来测量、记录、对比、分析缺陷，以保证设备的安全运行。

第二节　常见对接焊缝 TOFD 检测的基本程序

在电厂设备中，广泛采用了焊接结构，常见的坡口形式通常有 X 形、U 形及 V 形等。在这些焊接结构中，通常存在不等厚对接和扫查面受限的情况，给检测工作带来不少需要解决的问题。本节以某厂 3 号高压加热器焊缝为例来讨论容器焊缝的 TOFD 检测方法。

从外形上看，高压加热器主要由球形封头、椭圆封头、管板、筒身等组成，见图 6-13，其焊缝坡口形式见图 6-14。高压加热器水侧与汽侧温度、压力均不相同，因此各部位的壁厚也不一样。一般汽侧椭圆封头、筒体壁厚基本一致，厚度不大；水侧球形封头壁厚较大，在 100mm 左右，球形封头与管板焊接时，由于焊缝两侧壁厚不同，且壁厚均较大，又受封头形状影响只能单侧探伤，因此对该部件在进行常规超声波检测时存在一定的局限性，声束很难做到对焊缝的全覆盖。

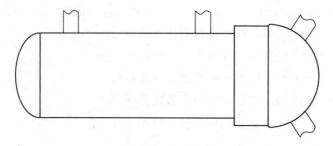

图 6-13　高压加热器外形结构示意图

该高压加热器基本情况：材质 SA516Gr70；规格（内径×厚度，mm×mm）：Di1400×20（汽侧筒体）/20（椭圆封头）/100（球形封头）；实测结果：汽侧筒体与椭圆封头厚度为

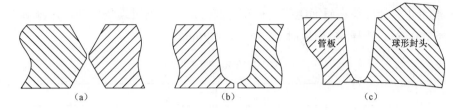

图 6-14　高加常见坡口形式

（a）筒体对接焊缝坡口；（b）筒体与椭圆封头焊缝坡口；（c）管板与球形封头焊缝坡口

20mm，管板与球形封头对接焊缝两侧实际厚度为 87、105mm。管板与球形封头对接焊缝盖面宽度实测为 70mm，封头侧焊缝边缘采用斜面过渡。

一、检测工艺设计

1. 检测分区情况

对于小于 75mm 厚的铁素体钢，可以只使用 1 对探头，但选择探头时需选用合适的探头频率、晶片尺寸及楔块角度。以保证高的分辨率和足够的覆盖率。该高压加热器汽侧板厚 20mm 处的焊缝选用 1 对探头即可。

对于管板与球封头的焊缝由于壁厚大于 75mm，应进行分区检测，每个区域覆盖不同的深度。一般对厚度在 75～300mm 的焊缝，为了达到良好的分辨率和足够的覆盖率，应根据不同分区选择合适的探头中心频率、晶片尺寸及楔块角度。该高压加热器管板与球形封头焊缝检测中可分成两个区：0～40mm、40～87mm。

2. 探头的选择

参照 ASTM E2373-04 标准，针对该高压加热器的实际情况，对壁厚为 20mm 的焊缝：非平行扫查时，为了提高分辨率、减小表面盲区，选择 10MHz、晶片尺寸为 ϕ6mm 的探头；为了保证对焊缝及热影响区有足够的覆盖，选择 70°楔块（见图 6-15）。对管板与球形封头焊缝：非平行扫查时，由于壁厚较大，考虑衰减的影响，适当降低探头的频率，选用 5MHz、晶片尺寸为 ϕ6mm 的探头；楔块角度选择 60°、45°分别扫查 0～40mm、40～87mm 深度区域。当发现近表面缺陷时（小于 10mm），可采用高频探头（如 10MHz 探头），小 PCS 值进行扫查，但减小 PCS 时应考虑近场区的影响，考虑入射点偏移对定位的影响。

3. 探头间距 PCS 选择

当探头的声束轴线交点在重点扫查部位且内夹角为 120°时，衍射的效率最高，在设定 PCS 值时可以参考这一点，以达到较好的扫查效果，增加缺陷的检出率。通常非平行扫查时，在不考虑扫查面影响时，设置 PCS 使声束中心线交于该区壁厚 2/3 处，即 PCS=2×（2T/3）×tanθ。对于 20mm 板厚的焊缝，PCS=2×(2×20/3)×tan70°=73mm；对于管板与球形封头焊缝，选择 60°、45°分别扫查 0～40mm、40～87mm 深度区域，通过计算 PCS 分别为 92、142mm。由于封头侧存在一个紧挨焊缝的斜面，在实际扫查中要考虑计算得来的 PCS 能否正好让探头在斜面上行走或正好跨过斜面。通过现场实践，选择 60°楔块时 PCS 选择 100mm，选择 45°楔块时 PCS 选择 142mm。

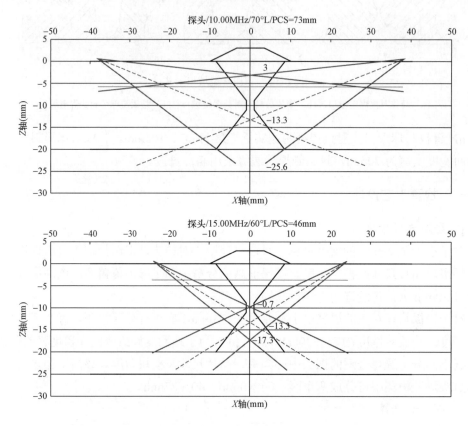

图 6-15　板厚 20mm 焊缝探头、楔块参数对声束覆盖情况的比较

4. 显示范围的设置

通常情况下，显示范围的起始点设在直通波前 2μs 处；终点设在底面一次变形横波结束后 2μs 处，终点之所以设在该处是因为变形波对于缺陷的判定及定性有很大的辅助作用，在数据判读中是不可或缺的。当然在某些特殊情况下为了提高缺陷的定量精度，有时会使用较小的时间范围。该步骤可在同壁厚的试块上或在现场工件上进行。

5. 灵敏度设置

TOFD 检测不基于波幅法进行检测和定量，但必须具有足够的灵敏度保证在扫查中发现缺陷，因此灵敏度的设置非常重要。灵敏度可在试块上设置，也可在工件上直接设置。在大多数情况下，单个 TOFD 探头组的灵敏度设置是将直通波波幅调到满屏高的 40%～90%；若因工件表面状况采用直通波不适合或检测大厚壁焊缝的底面分区，直通波不可见，可将底面回波幅设定为满屏高以上 18～30dB；若直通波和底面回波均不可用，可将材料的晶粒噪声设定为满屏高的 5%～10% 作为检测灵敏度，但应能保证与电噪声相差 6dB 以上。

该高压加热器壁厚相对不大，且所选用的探头、楔块等参数在现场实际检测中能获

120

得良好的直通波信号，考虑现场耦合存在不稳定因素，现场工件上将相应的直通波信号设在满屏高的 80%～90%。

6. 扫查方式的确定

TOFD 技术非平行扫查是假定缺陷在探头连线中心线上，但实际焊缝中的缺陷位置是不确定的，有可能在中心也有可能偏向焊缝的一侧，如坡口未熔等。对于薄壁焊缝由于衍射点不在焊缝中心线上造成的深度误差会很小。然而，对于大壁厚材料的单 V 形或双 V 形对接焊缝的检测，缺陷与焊缝中心线的距离会导致一定的定位误差。这些情况将导致深度评估错误或缺乏准确定位缺陷信息，并且对于厚壁焊缝若仅仅进行非平行的中心扫查，有可能会造成由于缺陷偏在焊缝一侧，衍射波较弱而造成漏检；因此有必要增加辅助扫查，以增加缺陷的检出率与数据的可读性。

在该高压加热器中，对于 20mm 的焊缝采用非平行中心扫查一次即可，对于有怀疑的区域可增加偏心扫查。对管板与球形封头焊缝，由于无法增加平行扫查，因此只能根据焊缝宽度及 PCS 值，适当增加偏心扫查。最终采用 60°探头中心扫查一次，45°探头中心扫查一次，向封头侧偏心扫查一次。

7. 耦合剂的选用

为了避免楔块的磨损，很多楔块的四角嵌入了防磨钉，在手动 TOFD 检测中，为了有良好的耦合，建议使用干粉耦合剂，根据需要与水配制或稠或稀。

二、数据采集与分析

1. 数据质量

数据质量的高低对于缺陷的判断起着决定性的作用，有关数据质量的要求可参阅相关标准。

按照上述检测工艺，对该高压加热器进行了抽检，其中管板与封头焊缝 D 扫描数据见图 6-16。

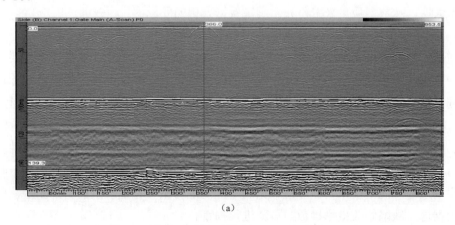

（a）

图 6-16　管板与球形封头焊缝 TOFD 数据（一）

（a）60°PCS=100mm 中心扫查数据

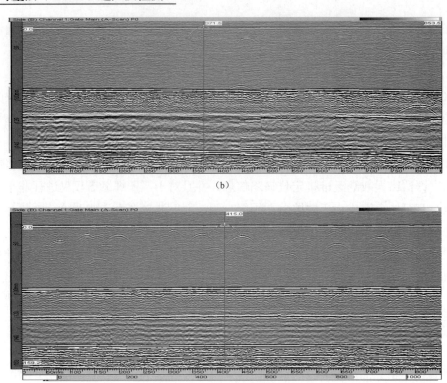

图 6-16　管板与球形封头焊缝 TOFD 数据（二）

（b）45° PCS=142mm 中心扫查数据；（c）45° PCS=142mm 向封头侧偏心扫查数据

由图 6-16（a）数据可知，即使是一侧探头在斜面上，60°中心扫查数据噪声仍较小；由图 6-16（b）、（c）可知，45°中心扫查噪声比 45°偏心扫查噪声明显变大，这主要是因为探头角度较小，一侧在斜面时，声束角度相对管板侧再变小，不利于声波的接收。在厚焊缝的检测中通常需要使用前置放大器以减小电噪声，在上述数据采集中使用了 40dB 前置放大器，从数据质量来看，完全满足数据分析的要求。

2. 数据分析的步骤

在确认数据质量满足要求后，需要对数据进行分析。第一步，对数据整体要有一个宏观的认识，先确定缺陷的数量、长度方向的大致位置，并做好相应的记录或标记；如果对同一部位既进行了中心扫查又进行了偏心扫查，那么就需要对这几组数据进行比较、观察，根据同一缺陷在不同扫查数据中的表现特征，判断缺陷相对焊缝中心线的位置。

第二步，就需要对第一步中所确定的各个缺陷进行细致的分析、定量与定性。针对某一特定缺陷，一般选择表现特征明显、图像清晰的那一组数据来进行分析。有时虽然数据表观质量能满足要求，但各组数据均不能满足对某一特定缺陷的精确测量，此时还需要根据这一缺陷修改检测参数，重新进行扫查。

第三步，根据数据分析的结果，对照标准进行相应评价得出检测结论。

数据分析是检测中非常重要的一个环节，需要进行大量的分析练习来积累经验与技巧。

3. 焊缝中缺陷的定性

对图 6-16 显示的数据进行分析可以看出，该焊缝中存在多处点状缺陷，从性质上看以气孔为主，局部存在点状夹渣。气孔和夹渣有相似之处，但主要特征还是有较大的区别。

（1）气孔的特征。单个气孔长度和自身高度都不大，在 D 扫描中的信号看起来像个弧形。一般来说它们的高度太小，很难有单独的可分辨的顶部和底部衍射信号。在信号的强弱方面，上端是反射信号，信号很强，只有下部的回波是衍射波。单个气孔在 D 扫描图像上特征较明显，气孔的整个弧形信号较均匀，见图 6-17（a）。

群气孔是一个信号集合体，各个气孔的信号局部相互叠加，掌握了单个气孔的特征，对群气孔的定性也相对较好判断。

（2）夹渣的特征。夹渣分点状夹渣和条形夹渣。点状夹渣的情况与气孔相类似，在 D 扫描中的信号看起来像个弧形。上端是反射波，下端是衍射波，上、下端点无法分辨。点状夹渣和气孔在 D 扫描数据上存在一定的差异，点状夹渣的弧形顶部信号较强，常有明显的亮点，弧形两侧信号较弱，可据此作为分辨两者的特征，见图 6-17（b）。

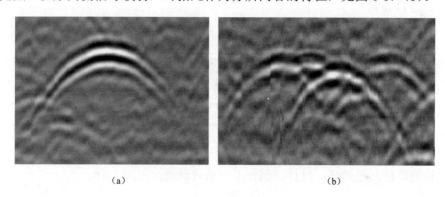

（a）　　　　　　　　　　　　　（b）

图 6-17　气孔和夹渣图像
（a）气孔典型图像；（b）点状夹渣典型图像

条形夹渣是在焊接过程中留下的，有一定的长度，这些缺陷不均匀，有时断续相连。同样由于上端是反射信号下端是衍射信号，在 D 扫描图像上上端信号较强，下端信号弱，局部常有波幅较大引起的亮点出现，并且下端信号杂乱；变形横波的图像也较乱。判定时注意不要与裂纹相混淆。

三、小结

TOFD 是一项较新的技术，对检测设备与检测人员的要求比较高，检测附件的选择、检测参数的设置会影响所采集的数据，从而使检测结果产生偏差，严重时会导致漏检。

（1）检测设备的性能参数、选择的附件应能满足标准及 TOFD 实际检测的需要。

（2）检测人员应熟悉 TOFD 检测原理，能分析主要检测参数的变化对检测结果的影响。

（3）制定检测工艺时需多方面综合考虑，使得工艺既能符合理论要求又能满足现场实际情况。

（4）数据分析时应先判断数据质量情况，数据质量在反映缺陷细节、定性方面非常重要。

（5）TOFD检测数据比较形象，对典型缺陷的定性较为准确且相对比较容易掌握；但真正掌握各种缺陷的定性需要通过大量的解剖和实验来积累经验。

第三节　TOFD技术在汽包焊缝检测中的应用

华北地区的电厂中有多台锅炉汽包带缺陷监管运行，如何对带有缺陷的汽包进行监测，对缺陷进行定性，对缺陷进行精确的定性、定量，从而来保证机组的安全运行，都是重要的研究课题，为将TOFD技术实际应用在汽包焊缝检测中，设计了试块、专用扫查器和扫查方案，取得了良好的效果。

一、硬件设计

1. 试块

国际上目前在用的标准有:BS 7706（1993）《校准和建立应用超声波衍射时差技术进行缺陷检测、定位和定尺的指南》，欧洲标准ENV583-6《超声波衍射时差技术作为一种缺陷检测和定尺的方法》，ASTM标准：E2373-04《超声波衍射时差技术（TOFD）标准》，ASME code case 2235-6《锅炉和压力容器标准案例》，CEN14751:2004《用TOFD技术检测焊缝》等。

为检测厚壁汽包焊缝，设计、制作了一系列试块，见图6-18。

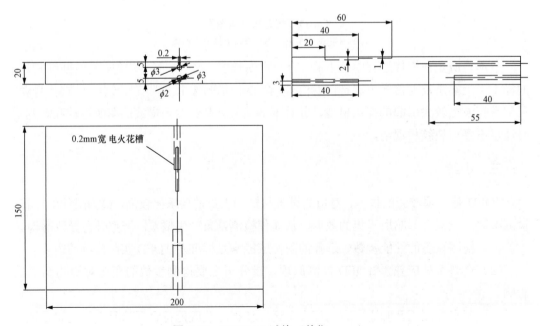

图6-18　TOFD-20试块（单位：mm）

上述试块的用途：调整仪器的扫描比例；测试整个检测系统所能达到的检测范围；校验编码器的分辨率。

2. 专用扫查架

TOFD 扫查需要 2 个探头，且两探头声束需在一条轴线上，因此必须要有专用扫查装置，且配备匹配的编码器，才能满足要求。课题组设计制作了专用的扫查架，并设计了不同长度的导杆，可以用于对汽包不同深度范围的扫查，见图 6-19。

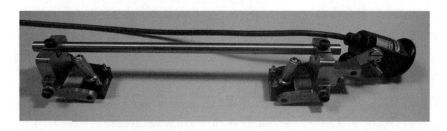

图 6-19　探头、扫查架、编码器选择组合后照片

3. 前置放大器

汽包的厚度约为 100mm，属于厚工件，超声波在这样厚的材料中衰减大，从而影响灵敏度，因此选择前置放大器以增加灵敏度。

二、TOFD 检测工艺的参数设计

1. 探头

非平行扫查时，选择 5MHz、晶片尺寸为 $\phi6mm$、角度为 60°的探头。平行扫查时，选用同一探头，当发现近表面缺陷（小于 10mm）时，可采用高频探头，小 PCS 值进行平行扫查；但减小 PCS 值时应考虑近场区的影响及入射点偏移对定位的影响。

2. 分区扫查

非平行扫查时，分为 2 个扫查区域，分别为 0～50mm 和 50～100mm。整个系统设置时用设计的试块验证覆盖范围。平行扫查时，不必分区。

3. PCS 值设置

PCS 值的选择要考虑一定厚度的部件检测区域、裂纹尖端是否有足够衍射能量、分辨率。

非平行扫查时，设置 PCS 值使主声束位于该区的壁厚 2/3 处。

对于平行扫查或预先已确定了重点检测部位的扫查方式，探头中心间距推荐设置为使两探头对的声束轴线交点为缺陷部位（或可能产生缺陷的部位），且其内夹角为 120°。

4. 灵敏度设置

TOFD 检测灵敏度可在被检工件上直接进行设置。一般将直通波的波幅设定到满屏高的 40%～80%；若因工件表面状况采用直通波不适合或直通波不可见，可将底面回波幅设定为满屏高以上 18～30dB；若直通波和底面回波均不可用，可将材料的晶粒噪声设定为满屏高的 5%～10%作为检测灵敏度，但应能保证与电噪声相差 6dB 以上。

5. 仪器显示范围的设置

当仪器能够显示直通波及底面回波时，仪器上时间闸门的起始位置为直通波到达接收探头前至少 2μs，闸门结束位置为工件底面的一次波形转换横波+2μs。

当仪器不能显示直通波或底面回波时，应计算直通波和底面回波的时间，根据计算结果调整仪器。

6. 扫查方式与扫查次数

初始的扫查方式为非平行扫查，探头对应以固定距离和方向平行于焊缝中心线运动。采集的数据作为缺陷的快速探测和缺陷长度测量，对于非重点检测的缺陷，可以此测量缺陷高度。

非平行扫查时，应扫查 3 次：①声束聚焦在焊缝中心线垂直面上；②声束聚焦在内表面焊缝左熔合线的垂直面上；③声束聚焦在内表面焊缝右熔合线的垂直面上。

若重点对焊缝热影响区进行扫查，应增大 PCS 值。

对于重点监测的缺陷，增加平行扫查，精确确定缺陷的高度。

7. 辅助检测

采用磁粉检测重点检测表面及近表面缺陷，采用脉冲—回波法重点检测内表面缺陷。

三、TOFD 数据判读

1. 数据的有效性

分析数据之前应对所采集的数据进行评估以确定其有效性，若数据无效，应采取纠正措施后重新进行扫查直至数据合格。

（1）数据线丢失量不得超过整个扫查区域的 5%，且不允许相邻数据线连续丢失。

（2）扫查应保证超声波声束对检测区足够的覆盖，分段扫查时，各段扫查区的重叠范围至少为 20mm。

（3）信号波幅降低量在 6dB 之内证明耦合良好。

（4）直通波或晶粒噪声波幅满屏表明增益过高，TOFD 检测根据超声波信号的相位判断缺陷的上下端点，若因信噪比太小而无法判断相位，则检测数据无效。

2. 验收标准

按 ASME case 2235-3 中的验收标准进行验收。

四、实际应用

1. 高井电厂 8 号锅炉汽包焊缝检测的现场应用

图 6-20 所示为汽包检测中的缺陷图像，运用 Tomoview 软件，测得缺陷的长度为237mm，由于该缺陷较长，在该缺陷全程选择 3 处做平行扫查测高，图 6-21 表示其中一处。

而用常规超声波对该处进行检测时，由于该缺陷的反射比较复杂，回波波幅非常弱，仪器显示该处是两条缺陷，长度分别为 20、25mm，缺陷的高度不能测量。

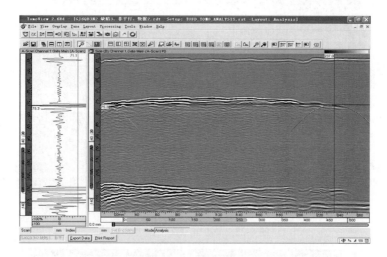

图 6-20 D 扫描图，缺陷测长（237mm）

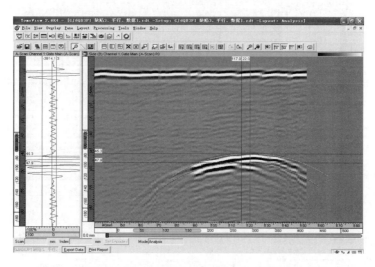

图 6-21 1 号处测高为 47.9-45.3＝2.6mm

根据标准 ASME 2235-3 中规定对上述缺陷进行评定，由数据判读结果可知这个缺陷均为表面下缺陷。为了便于评定，依照标准要求制作表 6-4。

表 6-4 缺陷特征值（壁厚 T＝98mm）

缺陷编号	缺陷 a/l	a 值（mm）	l 值（mm）	高宽比 a/t	是否在标准允许范围内
1	0.008	1.95	237	0.0199	是

注 a、l、t 分别为缺陷的高、长、宽。

2. 大同 4 号炉汽包焊缝检测的现场应用

（1）数据采集。

1）锅炉前侧——非平行扫查的图像，见图 6-22～图 6-29。

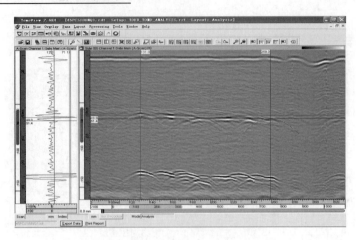

图 6-22 锅炉前侧缺陷 1 长度

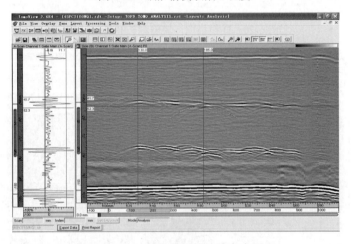

图 6-23 锅炉前侧缺陷 1 高度

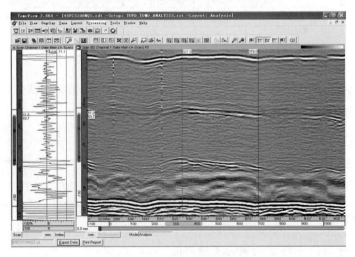

图 6-24 锅炉前侧缺陷 2 长度

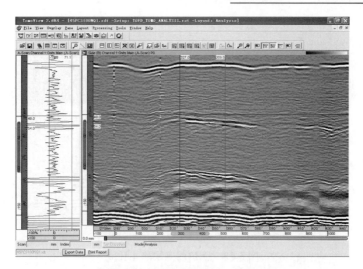

图 6-25　锅炉前侧缺陷 2 高度

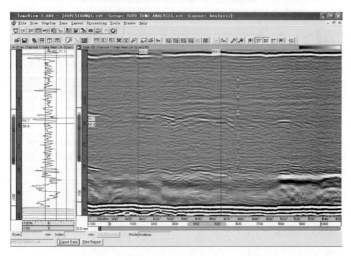

图 6-26　锅炉前侧缺陷 3 长度

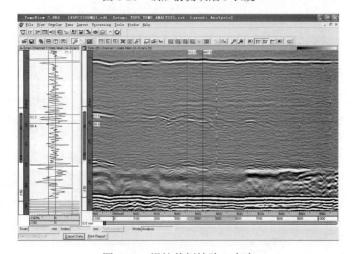

图 6-27　锅炉前侧缺陷 3 高度

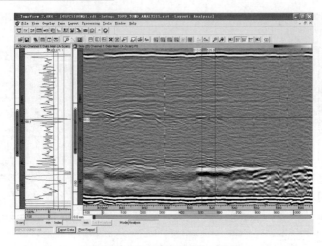

图 6-28　锅炉前侧缺陷 4 长度

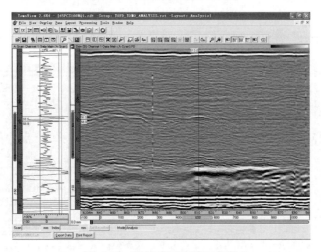

图 6-29　锅炉前侧缺陷 4 高度

平行扫查图像（部分），见图 6-30 和图 6-31。

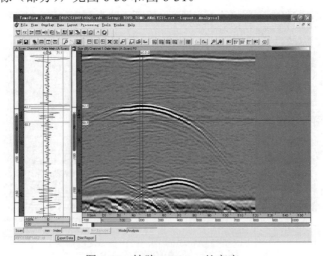

图 6-30　缺陷 1140mm 处高度

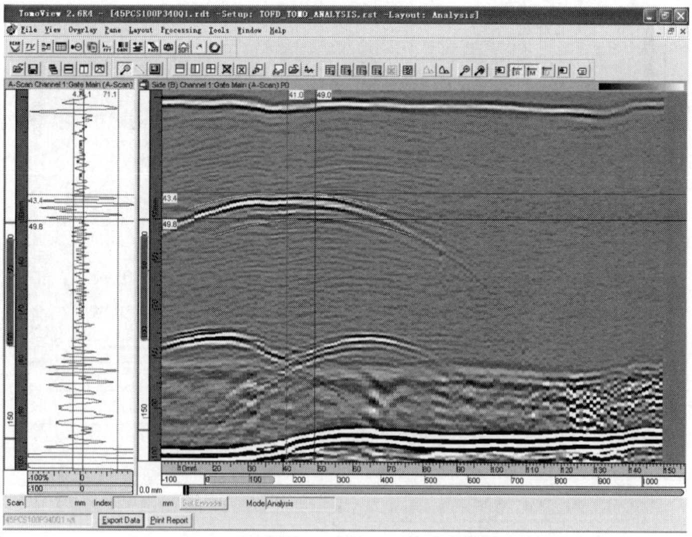

图 6-31 缺陷 2340mm 处高度

由非平行扫查数据 45PCS100NQ1 分析得锅炉前侧缺陷起止位置及长度及高度，见图 6-22～图 6-29 及表 6-5，由平行扫查数据得缺陷局部高度数据，见图 6-30 和图 6-31 及表 6-6。

表 6-5 炉前侧缺陷长度 mm

缺陷编号	缺陷（起～止）长度	缺陷（起～止）高度	数 据 号
1	（131.0～259.0）128.0	（45.7～52.3）6.6	45PCS100NQ1
2	（327.0～379.0）52.0	（49.0～54.0）5.0	45PCS100NQ1
3	（409.0～468.0）59.0	（53.5～58.4）4.9	45PCS100NQ1
4	（513.0～525.0）12.0	（56.5～58.9）2.4	45PCS100NQ1

表 6-6 炉前侧缺陷局部高度 mm

缺陷编号	距 0 点位置	缺陷（起～止）高度	数 据 号
1	140mm 处	（42.7～50.7）8.0	45PCS100P140Q1
	160mm 处	（42.7～50.1）7.4	45PCS100P160Q1
	200mm 处	（44.5～49.3）4.8	45PCS100P200Q1
2	340mm 处	（43.4～49.8）6.4	45PCS100P340Q1

2）锅炉后侧—非平行扫查图像，见图 6-32 和图 6-33。

平行扫查图像，见图 6-34～图 6-35。

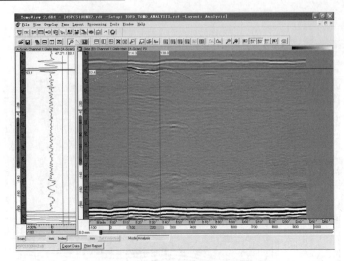

图 6-32　锅炉后侧缺陷 1 长度

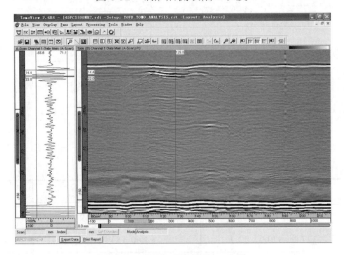

图 6-33　锅炉后侧缺陷 1 高度

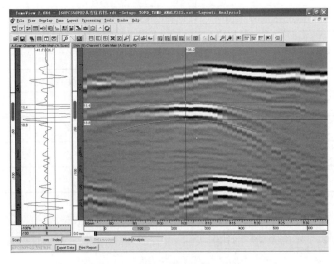

图 6-34　锅炉后侧缺陷 1 高度

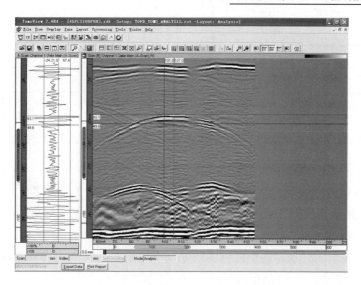

图 6-35　锅炉后侧缺陷 2 高度

由非平行扫查数据分析得锅炉后侧缺陷起止位置及长度及高度，见图 6-32 和图 6-33 及表 6-7；由平行扫查数据分析得缺陷局部高度数据，见图 6-34 和图 6-35。

表 6-7　　　　　　　　　　　　锅炉后侧缺陷长度　　　　　　　　　　　　　　　　mm

缺陷编号	缺陷（起~止）长度	数据号	缺陷（起~止）高度
1	（114~138）24	45PCS100NH2	（14.4~22.0）7.6
2	（234~264）30	45PCS100NH1	（51.8~56.4）4.6
3	（304~314）10	45PCS100NH1	（54.4~55.5）1.1

表 6-8　　　　　　　　　　　　锅炉后侧缺陷局部高度　　　　　　　　　　　　　　mm

缺陷编号	位置	缺陷（起~止）高度	数　据　号
1	缺陷 1 处	（15.4~18.8）3.4	60PCS50PH2
2	缺陷 2 处	（45.1~49.6）4.5	45PCS100P0H3

（2）数据分析。根据标准 ASME case 2235-3 中规定，对上述缺陷进行评定，依照标准要求制作表 6-9 和表 6-10。

表 6-9　　　　　　　　　　锅炉前侧缺陷特征值（壁厚 t＝95mm）

缺陷编号	缺陷 a/l	a 值（mm）	l 值（mm）	高宽比 a/t	是否在标准允许范围内
1	0.031	4.0	128	0.042	否
2	0.062	3.2	52	0.034	否
3	0.042	2.45	59	0.026	是
4	0.1	1.2	12	0.013	是

表 6-10　　　　　　　　　　锅炉后侧缺陷特征值（壁厚 *t*=95mm）

缺陷编号	缺陷 a/l	a 值（mm）	l 值（mm）	高宽比 a/t	是否在标准允许范围内
1	0.031	3.8	24	0.042	否
2	0.062	2.3	30	0.034	是
3	0.042	0.6	10	0.026	是

根据标准 ASME case 2235-3 评定表 6-9、表 6-10 中缺陷：

1）若不考虑缺陷的性质，锅炉前侧的 1、2 号缺陷超出标准的允许范围，不允许存在；3、4 号缺陷在标准的允许范围，可以保留。锅炉后侧的 1 号缺陷超出标准的允许范围，不允许存在；2、3 号缺陷在标准的允许范围，可以保留。

2）若考虑缺陷的性质，锅炉前侧的缺陷及锅炉后侧的缺陷均具有裂纹的特征，可以判定为裂纹，因此均不允许存在。

（3）解剖图片。此台汽包于 2008 年 3 月进行了消缺处理，上述部分缺陷照片见图 6-36～图 6-39。

图 6-36　锅炉前 1 号缺陷

图 6-37　锅炉前 2 号、3 号缺陷

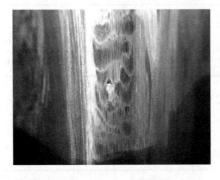

图 6-38　锅炉后侧 1 号缺陷（打磨初）

图 6-39　锅炉后侧 1 号缺陷（打磨后）

五、小结

TOFD 技术能够快速而准确地检测焊缝；TOFD 技术对焊缝覆盖范围大，无须做锯齿形移动即可对焊缝完成扫查；它能够有效而精确地测量缺陷地长度、深度、自身高度，

且不依赖于评定衍射波的波幅； 配合普通超声波技术有助于缺陷的判性。随着相关标准的即将出台，TOFD 技术必将在锅炉压力容器行业内达到快速发展。

第四节　主蒸汽管道焊缝 TOFD 检测

在电厂设备中，主蒸汽管道由于其长期运行在高温高压条件下，是金属监督项目的重要内容，对其质量要求很高。因此如何有效检出主蒸汽管道焊缝中的缺陷非常重要。本节以某电厂 4 号锅炉主蒸汽管道焊缝 TOFD 检测过程为例，介绍该类管道焊缝的检测与数据分析方法。

一、基本情况

主蒸汽管道规格为 $\phi541.9 \times 86.8$mm，材质为 P22；所检验焊缝为锅炉侧水平过渡弯管与垂直段对接焊缝；弯管侧实测壁厚为 93mm，直管段实测壁厚为 85mm；弯管侧管外径大于直管段，即焊缝两侧不等高，在焊缝外表面形成一个略有倾斜的表面，见图 6-40。

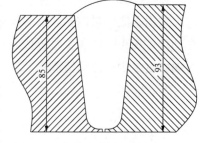

图 6-40　焊缝示意图（单位：mm）

在对该主蒸汽管道 12、18 号焊缝进行常规超声波探伤时发现存在大量缺陷，缺陷当量大多在评定线与判废线之间，其中相当一部分超过了判废线，最大值达到 $\phi3 \times 40$mm+8dB，长度断断续续接近整圈，在同一深度方向上存在多处缺陷。在决定是否处理前对这两道焊缝进行了 TOFD 检测。

二、检测工艺设计

1. 检测分区情况

由于该主蒸汽管道焊缝壁厚较大，检测时分成两个区间，即 0～40mm、40～93mm。

2. 探头的选择

选用 5MHz、晶片尺寸为 $\phi6$mm 的探头；楔块角度选择 60°、45° 分别扫查 0～40mm、40～93mm 深度区域。当发现近表面缺陷时（小于 10mm），可采用高频探头（如 10MHz 探头），小 PCS 值进行辅助扫查。

3. 探头间距 PCS 值选择

在做非平行扫查时，一般设置 PCS 值使声束中心线交于该区壁厚 2/3 处，即 PCS=2×（2T/3）×tanθ。在使用 60°、45° 分别扫查 0～40mm、40～93mm 深度区域的情况下，对分区一使用 60°楔块时 PCS=92mm，对分区二选择 45°楔块时 PCS=150mm。现场情况能够满足上述两种 PCS 值时的扫查。

4. 灵敏度设置

相对而言，90mm 左右的壁厚对于 TOFD 检测来说并不算大，在试块上使用上述探

衍射时差法（TOFD）超声波检测 ▪▪▪

头组两次检测都有明显的直通波与底面回波，为了保证有足够的灵敏度，在工件上将各 TOFD 探头组的直通波波幅调到满屏高的 80%～90%。

5. 扫查方式的确定

对于窄间隙焊缝，衍射点不在焊缝中心产生的定量误差非常小，当壁厚较大时为了增加缺陷的检出效果及数据的可读性，应相应增加偏心扫查。

对于该焊缝，最终采用 60°探头中心扫查一次，45°探头中心扫查一次，向弯管侧偏心扫查一次。

6. 耦合剂的选用

衍射信号能量比较低，由于曲面的存在对耦合的要求较高，在手动 TOFD 检测中，使用干法耦合剂，可以根据需要配稠一些，增加耦合效果。

三、数据采集与分析

1. 数据采集

数据采集中最需要注意的问题就是数据质量的影响因素，包括扫查时的耦合是否耦合均匀；扫查时的探头是否按照预定的轨迹移动；扫查速度是否超过仪器限定制；扫查时编码器是否有滑动情况等，均会影响数据采集的质量与检测的可重复性。

2. 数据分析

第一步需要对所采集的数据有一个整体的影响，对缺陷的数量、分布、大致的性质有一个宏观的认识。

图 6-41 所示为 12 号焊缝 3～4 区间局部 D 扫描数据，可以看出该焊缝中存在许多缺陷。在长度方向上从 0～500mm 范围内，从接近上表面一直到 35mm 深的区间内均存在大量点状缺陷，比较密集；在长度方向 60mm 处存在一处密集型的缺陷（f1）；在长度方向 450～500mm 区间内，从接近根部到上表面的大部分深度范围内均存在较多缺陷（f3）。当然，TOFD 对夹渣、气孔等缺陷有一定的放大作用。

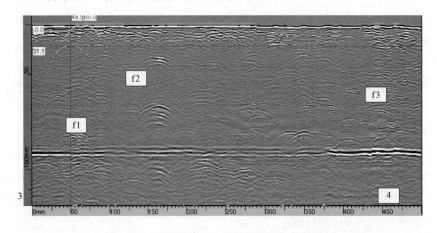

图 6-41　12 号焊缝 3～4 区间局部 D 扫描数据

图 6-42 所示为 4～1 区间局部 D 扫描数据，在该区间可看到在靠近上表面的地方也存在一定数量的缺陷；在长度方向 400mm 附近处存在较多的缺陷，缺陷在深度方向分布较广。

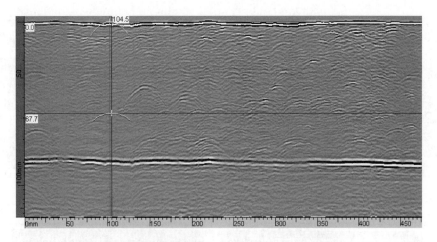

图 6-42　12 号焊缝 4～1 区间局部 D 扫描数据

第二步对各个缺陷进行定量、定性分析。

在图 6-43 中，可以看出 f1 处的缺陷是典型的密集型缺陷；由于该缺陷中各处波幅大致相等，没有夹渣的特征，因此可以判定 f1 是密集型的气孔。在实际处理中，车削至 78mm 时对该处进行了射线检测，底片情况见图 6-44。

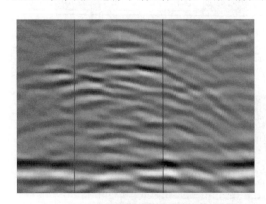

图 6-43　缺陷 f1 局部放大图

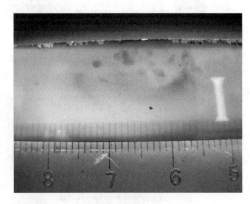

图 6-44　缺陷 f1 在车削后射线底片

缺陷 f2 图像特征较明显，纵波图像及变形横波图像较干净，上下端点可分辨，符合未熔合的特征。定量测量该缺陷，长度为 11mm，高度为 2.9mm。机加工解剖后可见该处未熔合一处：实测长度为 11mm，实测高度为 3mm。尺寸测量及解剖后的照片见图 6-45～图 6-47。

由图 6-41、图 6-42 可知，在 31mm 以下区域存在的缺陷以气孔、夹渣为主。在消缺及坡口成型过程中，从距离上表面 6～7mm 时即肉眼可见大量的气孔夹渣，断断续续覆盖整条焊缝，单个缺陷长度大多均在 5～10mm，个别气孔长度达到 15mm，机加工深度超过 25mm 后，缺陷逐步减少，至 35mm 深度后肉眼可见缺陷相对较少。在加工至 73mm 深，对上下坡口面进行最终成型前，在原始坡口边缘处仍然存在较多缺陷。图 6-48 所示为下坡口加工完毕后，上坡口最终成型前的局部照片。

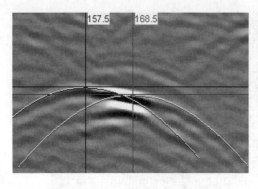 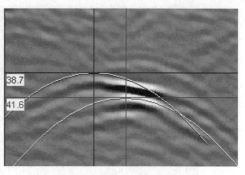

图 6-45　缺陷 f2 测长（11mm）　　　　　图 6-46　缺陷 f2 测高（2.9mm）

 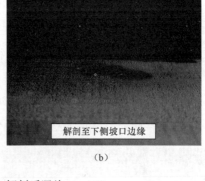

（a）　　　　　　　　　　　　　　　　（b）

图 6-47　缺陷 f2 解剖后照片

（a）缺陷 f2 解剖后照片；（b）缺陷 f2 PT 后照片

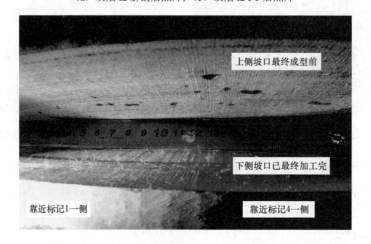

图 6-48　上坡口最终成型前 4～1 区域局部缺陷情况

3.　小结

在对厚壁焊缝检测中可知 TOFD 技术具有明显的优势：

（1）TOFD 技术的检测数据易于保存和再现，便于专家会诊；相对于常规超声波检测的 A 扫描信号而言，TOFD 技术中利用 B 扫描图像结合 A 扫描信号使数据判读变得更加简单轻松。尤其是 B 扫描图像比较形象直观，为不便进行（但又必须进行）射线检测的部件提供了可供选择的检测手段，且无需辐射防护。

（2）TOFD 技术可以实现对不等厚焊缝的全覆盖检测，并且通过适当的辅助扫查，可以准确地对缺陷进行定量。

（3）TOFD 检测数据比较形象直观，对缺陷的定性定量相对比较容易掌握，且判定结果比较准确。

第五节　管道环焊缝根部缺陷 TOFD 检测

在超声波检测中，尽管在理论上对根部缺陷的识别与判定有一个较为完整的解释，但实际检测中远非如此简单。根部缺陷信号的识别与判定一直是困扰现场超声波检测人员的一个难点。特别是管道焊缝，无法看见根部，对其焊接成形无法获得更多信息，如何在众多根部反射波形中分辨出根部缺陷波，是一名资深超声波检测人员必须具备的技能。不过对于 TOFD 技术而言，根部信号的识别在一定范围内存在较为明显的优势。

本节以某制造厂生产的电厂管道环焊缝 TOFD 检测过程为例，结合现场实际解剖来介绍管道焊缝根部的检测与数据分析方法。

一、基本情况

管道材质为 SA106C，规格为 $\phi660 \times 20$mm。在安装前对制造焊缝进行的抽检中发现该批管道根部存在问题较多。随后使用 TOFD 技术，针对根部缺陷对部分焊缝进行了的检测。

二、检测工艺制定

1. 探头及参数的选择

对于该焊缝的检测，选用了 $\phi3$mm、5MHz 探头；由于壁厚相对较小，并且检测针对根部缺陷，为了提高缺陷的检出能力、缺陷在深度方向的分辨能力及减小根部盲区，选用 45°楔块，将虚拟声束交点选在壁厚处，即 PCS=$2T\tan\theta$=40mm，现场实测该 PCS 值能满足探头的放置要求。

2. 根部盲区

在上述条件下，底面回波盲区

$$h = \sqrt{\left(\frac{C}{2}\right)^2 (T_D + T_p)^2 - S^2} - T$$

式中　C——声速，mm/μs；

　　　T_D——时间延迟，μs；

　　Tp——回波信号长度，μs；

　　S ——1/2 中心距，mm；

　　T——底面回波深度，mm。

使用窄脉冲探头时 Tp 取底面回波的 2 倍周期，即 0.4μs，则盲区为 1.6mm，但实际检测中 Tp 与探头特性和缺陷信号强度有关，所选取值不能完全反映实际情况，通常实际盲区比计算盲区要小，因此计算所得盲区仅供参考，这在后面的缺陷定量分析中可以得到实际验证。

如果缺陷不在探头连线中心位置，则缺陷尖端信号可能由于与底面波等时而隐藏在底面波中，产生新的检测盲区。为了解决该问题，在扫查中可增加偏心扫查减小由此产生的盲区对缺陷检出的影响。该焊缝上表面宽度为 20mm，探头在放置过程中可以做一定量的偏移，进行偏心扫查。

三、数据采集与分析

1. 数据采集

为了更加精确地测量缺陷的尺寸，尽可能地记录缺陷的细节，在采集数据时设置每步进 0.5mm 采集一次数据。为尽可能发现根部缺陷，进行中心扫查与 2 次偏心扫查。

2. 数据分析

数据分析是 TOFD 检测中至关重要的一步，对分析人员的技术水平、经验等要求较高。下面以所采集的两组典型数据为例，进行相应分析，并实际解剖验证，将数据分析结果与解剖结果进行对比分析。

（1）区间 0～1 数据分析与结果对比。

图 6-49 所示为 0～1 区间的局部中心扫查数据，在该数据上可以看到在 206mm 附近存在一处缺陷。对于该缺陷的定量见图 6-52，高度为 20.4–17.6=2.8mm、长度为 214.5–206.5=8mm。由于该管道没有安装，现场消缺前对该处根部进行了磁粉检验，检验未见缺陷显示。随后对根部焊瘤进行了打磨，在将焊瘤打磨平整后再次进行磁粉检测，见图 6-53，现场实测该缺陷长度约为 8mm，最终打磨消缺完毕后实测凹坑相对母材深度为 3mm。

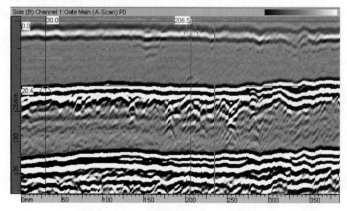

图 6-49　0～1 区间 TOFD D 扫描数据

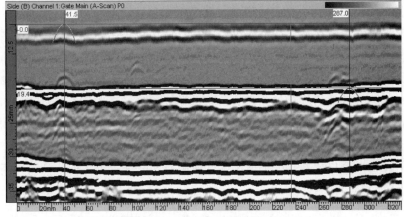

图 6-50　1～2 区间 TOFD D 扫描数据（中心扫查）

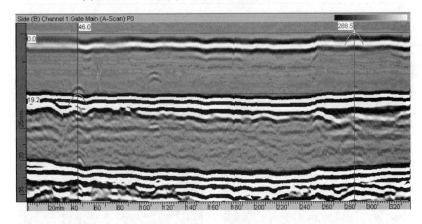

图 6-51　1～2 区间 TOFD D 扫描数据（偏左扫查）

（2）区间 1～2 数据分析与结果对比。图 6-50、图 6-51 所示为 1～2 区间在灵敏度设置下的两组扫查数据。对这两组数据进行大致对比可以看出，图 6-50 数据显示的缺陷比图 6-51 显示的缺陷完整、清楚，但结合图 6-51 数据可以大致判断缺陷相对焊缝中心线的位置。例如，从两组数据的对比中可以判断 280mm 附近的缺陷应位于焊缝中心线偏右侧。这反映出在 TOFD 检测中，同时进行中心扫查与偏心扫查的重要性。

（3）缺陷 1、2、3 数据分析与结果对比。

从图 6-50 中可以看出，在起始位置的根部存在一处显示，且在 50mm 附近根部也隐约存在信号显示，该两处显示同样在图 6-51 中未看到，为进一步分析该处缺陷，现场对标记点 1 附近区域重新进行了数据采集，见图 6-54。图 6-54 中可以清楚的看到，在靠近根

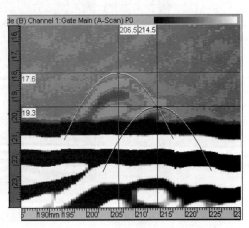

图 6-52　0～1 区间缺陷 f206 定量测量

部位置存在 3 处缺陷显示，该 3 处缺陷定量见表 6-11。在消缺前，对原始根部进行了磁粉检测，未见任何缺陷显示，在消缺过程中边打磨边进行磁粉检测，当根部焊瘤余高打磨到与母材平齐时，磁粉检测发现缺陷显示，见图 6-55。图 6-55 中依次为缺陷 1、缺陷3，缺陷 2 具有一定埋藏深度暂时未见。从图 6-55（b）中可以看见缺陷 1 是 2 条距离较近的裂纹，缺陷 3 为靠近根部的未熔合。在缺陷 1、缺陷 3 中间空白处继续打磨至低于母材 2mm 后肉眼可见气孔一处，见图 6-56。随后对缺陷 1、2、3 进行了消缺，缺陷 1打磨低于母材 1.1mm、缺陷 2 打磨低于母材 3.1mm、缺陷 3 低于母材 1.2mm 后消除，上述数据使用焊缝检验尺测量，由于现场条件所限存在一定误差，但仍然可以看出 TOFD检测中对缺陷定量的精确性。

表 6-11　　　　　　　　　　1～2 区间起始位置缺陷 f1～f3 定量表　　　　　　　　　　mm

序号	长度（起止位置）	高度（上端点位置）	打磨后实测
缺陷 1	108−88=20	20.2−19.2=1	裂纹、长度 18
缺陷 2	点状（130 处）	点状（上端点 16.7）	ϕ1.5 气孔
缺陷 3	168−144=24	19.9−18.6=1.3	未熔、长度 35

（a）　　　　　　　　　　　　　　　　　　　　（b）

图 6-53　缺陷 f206 打磨
（a）缺陷 f206 打磨过程中（MT）；（b）缺陷 f206 打磨后测长（MT）

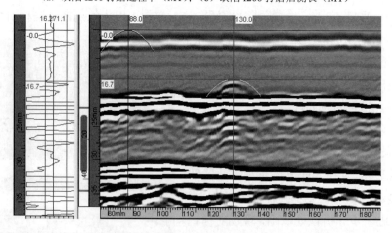

图 6-54　1～2 区间起始位置缺陷（88mm 处为 1～2 区间起始位置）

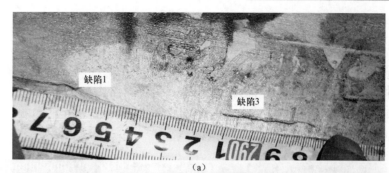

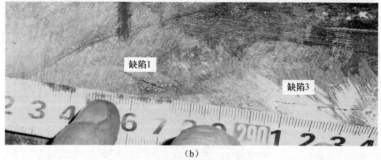

图 6-55　缺陷 1、3 打磨
（a）缺陷 1、3 打磨后（MT）；（b）缺陷 1、3 继续打磨后（MT）

图 6-56　继续打磨后，缺陷 2 出现

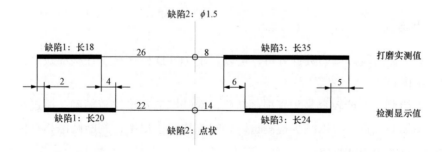

图 6-57　缺陷打磨实测值与显示值对比（单位：mm）

　　针对该 3 个缺陷从 TOFD 检测得到的结果与实测结果在长度方向上进行了对比，见图 6-57。由图 6-57 可知：对于缺陷 1、3，实测值与显示值存在一定的误差，造成的原因主要有两方面：①对于根部缺陷，若缺陷两端高度很小，一部分处于检测盲区，衍射

信号无法分辨造成缺陷测长时测量的不是实际端点，从而造成长度偏小；②在根部缺陷的测量过程中，为了减少长度方向的测量误差，通常选取弧形消失的位置作为端点，这在缺陷端点高度起伏较大时就会造成端点的测量位置不准确，偏离实际端点。

（4）缺陷 4 数据分析与结果对比。在图 6-50 中看到在长度方向 280mm 处存在一处缺陷，该缺陷在图 6-51 上有轻微显示，可以判断该缺陷偏向焊缝中心右侧。对该缺陷进行数据分析与现场解剖，见图 6-58。

图 6-58　缺陷 4

（a）缺陷 4 测量结果；（b）初始打磨时（MT）；（c）继续打磨后（MT）

图 6-58 可以看出数据测量缺陷高度 19.5–16.8=2.7mm，长度 288–275=13mm；打磨过程中实测最长长度为 10mm。现场打磨至低于母材 2.5mm 后磁粉检测缺陷已消除。从图 10（b）中还可以看出该缺陷略偏向右侧。

四、小结

通过对上述两段焊缝的数据分析，可以看出 TOFD 检测技术在根部缺陷检测中存在一定的技术优势。

TOFD 检测技术能较容易识别根部缺陷，对缺陷的定量比较精确；通过对焊缝进行中心扫查和偏心扫查，可以减少检测盲区，提高缺陷检出率，判断缺陷相对位置。实际检测时根部盲区小于计算值。

第六节　Y 形和 T 形焊接接头检测工艺

电厂锅炉压力容器等承压设备或电网输变电设备中往往遇到一些特殊的焊接接头形式，

如超临界锅炉汽水分离器 Y 形焊接接头，承重部件如大板梁、输变电线路塔中 T 形焊接接头等，这些接头的 TOFD 检测需要采用特殊工艺。本节叙述 Y 形、T 形焊接接头的检测工艺。

一、Y 形焊接接头检测

1. 探头设置
探头按照主管和接管中厚度较大者为准进行选择。探头扫查面见图 6-59。

2. PCS 值设置
应对声束路径进行模拟以确定发射探头和接收探头的放置位置，可使用图 6-59 的反射法确定两个探头的放置位置。发射探头位置确定后，接收探头位置变化较大，影响检测结果时，应分段确定接收探头的位置，进行分段检测。

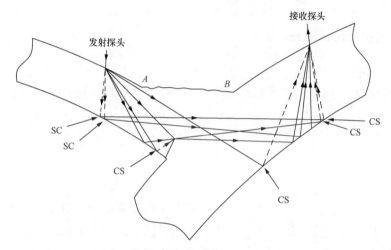

图 6-59　使用反射法确定探头放置位置

⎯⎯→纵波信号

⎯ ⎯→横波信号

CS—纵波转换成横波；SC—横波转成纵波

3. 试块
检测前应制作专用的试块，用于验证检测能力、调节检测灵敏度并为数据分析提供参考。选取典型截面，对于 Y 形管座应选择至少三个截面（外侧、内侧、中间部位）加工试块。在焊缝坡口根部位置加工图 6-60 所示尖角槽 1。尖角槽宽度按照表 6-12 选取，高度根据检测要求进行设置，可以是一个槽也可以是一组高度不等的槽。在两侧坡口边缘处 1/4、3/4 壁厚处各打两个侧边孔。孔直径以较薄一侧公称厚度按表 6-12 选取，长度分别为 30、45mm，两侧的孔应分布在两端。在 AB 的中间位置加工一组尖角槽 2 用于验证表面盲区深度，深度为 1、2、4、8mm，槽间距应不小于 20mm。

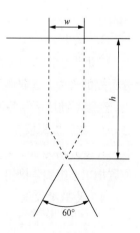

图 6-60　尖角槽截面图

表6-12 侧孔直径 D_d 和尖角槽宽度 W mm

工件公称厚度	D_d	W
$6 \leqslant t \leqslant 25$	2.5 ± 0.2	2.5 ± 0.2
$25 < t \leqslant 50$	3.0 ± 0.2	3.0 ± 0.2
$50 < t \leqslant 100$	4.5 ± 0.2	4.5 ± 0.2
$t > 100$	6.0 ± 0.2	6.0 ± 0.2

4. 灵敏度设置

尖角槽1和可见的尖角槽2中信号较弱者达80%满屏高度为基准灵敏度。

5. 检测

无特殊要求时，同一部位实施一次非平行扫查。

二、T形焊接接头检测

1. 探头设置

探头放置位置见图6-61。T形接头位置1和位置2的探头按照腹板厚度选择，位置3的探头按照翼板厚度选择。检测时，T形接头可同时选择位置1和位置2实施检测，也可单独选择位置3实施检测。

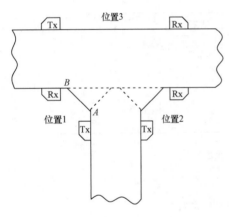

图6-61　T形接头探头放置位置

2. PCS值设置

位置1与位置2中发射探头、接收探头的位置应使用模拟工具对声束路径进行模拟，应能有效覆盖大于该侧角焊缝区域。经声束路径模拟后，若位置1和位置2探头位置变化较大，影响检测结果，应分段确定探头的位置，进行分段检测。位置3的PCS值设置以主声束能尽可能多的覆盖焊缝区域，尽可能降低根部盲区为准。

3. 试块

T形焊接接头检测前应制作专用的试块。用于验证检测能力、调节检测灵敏度和为数据分析提供参考。选取典型截面，对于Y形管座应选择至少两个截面（肩部、腹部）加工试块。在腹板钝边两侧各加工一个侧边孔孔，直径以薄板壁厚按表6-12选取，长度分别为30、45mm。在腹板翼板坡口边缘1/4、3/4处各加工两个侧边孔，孔直径以薄板壁厚按表6-12选取，长度分别为30、45mm，坡口两侧的孔应避免分布在同一端面的同一侧。在AB的中间位置加工一组尖角槽用于验证表面盲区深度，深度为1、2、4、8mm，槽间距应不小于20mm。

4. 灵敏度设置

位置1、位置2探头组以可见槽信号与各孔信号较弱者达80%满屏高度为基准灵敏度。位置3探头组以可见槽信号与各孔信号较弱者达80%满屏高度为基准灵敏度。

5. 检测

无特殊要求时，可各实施一次非平行扫查。对于位置 3，需要确定缺陷位置时，应增加平行扫查或其他扫查方式。T 形接头位置 1 和位置 2 的探头按照腹板厚度选择，位置 3 的探头按照翼板厚度选择。Y 形接头探头按照两者中较厚板材进行选择。检测时，T 形接头可同时选择位置 1 和位置 2 实施检测，也可单独选择位置 3 实施检测。

第七节　焊接缺陷定性的一般准则

采用 TOFD 检测技术进行检测，往往需要对焊接接头缺陷性质进行判断，对缺陷定性时首先需要数据分析人员应了解被检测对象的材质、焊接坡口形式和热处理状态、成型工艺及常见缺陷的类型。定性前应对数据中的缺陷进行分析，得到缺陷的长度、高度、深度等位置信息，必要时应增加平行扫查来确定缺陷相对焊缝横截面的位置信息；使用超声波脉冲回波法、表面检测或其他方法辅助定性。

下面给出了典型缺陷的一般特性。

1. 气孔

单个气孔长度和自身高度一般较小，在 D 扫描中的信号显示为弧形，高度较小，通常没有可分辨的上下端点衍射信号。其上端点是反射波，波幅相对较强，下端点是衍射波，波幅较弱。单个气孔在 D 扫描图像上特征较明显，气孔的整个弧形信号波幅较均匀。群气孔数据由各个气孔的信号相互叠加而成。

2. 夹渣

夹渣分点状夹渣和条形夹渣。点状夹渣与气孔类似，在 D 扫描中的信号显示为弧形，上端点是反射波，下端点是衍射波，上下端点一般无法分辨。点状夹渣和气孔在 D 扫描数据上存在一定的差异，点状夹渣的弧形顶部信号较强，常有明显的亮点。条形夹渣具有一定的长度，缺陷不均匀，有时断续相连。同样由于上端点是反射信号，下端点是衍射信号，在 D 扫描图像中上端点信号强，下端点信号弱，局部常有波幅变化较大引起的亮点出现，并且下端点信号和变形横波信号均比较杂乱。

3. 裂纹

根据裂纹产生的位置，可分为内部裂纹和表面裂纹。识别裂纹时不仅需要分析 A 扫描、D 扫描数据，同时还应根据材料的焊接性能及焊接工艺多方面综合考虑。

（1）内部裂纹。内部裂纹在 D 扫描图像上由顶部和底部尖端衍射波信号组成，两个信号的相位相反。波幅一般比较弱且变化不大，开口较大的裂纹，衍射信号会变强；裂纹的变形横波显示比较杂乱，见图 6-62。焊缝内部有一定高度的条渣，D 扫描图像与裂纹相似。但体积型缺陷的上端点信号相对于下端点更强，且上端点局部有明显的亮点。

（2）表面裂纹。裂纹边缘通常是变化的弯曲的轮廓，边缘比较陡时，边缘的衍射信号相对较弱。对于底面裂纹，在长度方向上裂纹信号两侧弧线延伸不会超过底面，消失的比较突然。裂纹上端点的衍射信号与直通波相位相反；端点各处波幅基本相当；变形

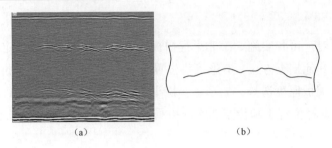

（a）　　　　　　　　　　（b）

图 6-62　内部裂纹
（a）汽包焊缝裂纹 D 扫描数据；（b）裂纹解剖后示意图

横波比较杂乱。若裂纹长度和自身高度较大，会将底面波信号部分遮挡或全部遮挡；对于贴合比较紧密的裂纹，端点衍射信号弱，有时没有明显的上端点信号，仅能观察到底面回波信号部分或全部被遮挡，见图 6-63。靠近下表面的裂纹回波通常比较陡，两侧弧线延伸较长，甚至超过底面回波。

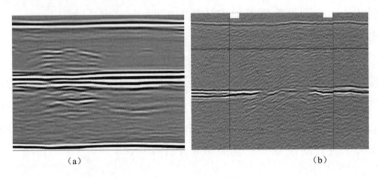

（a）　　　　　　　　　　（b）

图 6-63　下表面裂纹
（a）常见底面裂纹的 D 扫描显示；（b）贴合紧密的裂纹

裂纹的上端点轮廓比较平直时，缺陷 D 扫描显示上端点比较平直且波幅基本一致，上端点至底面回波之间信号少，这些特征均与未熔合相吻合，但变形横波比较杂乱，见图 6-64。

上表面开口型裂纹只有下尖端的信号，相位与直通波相同；裂纹较大时，对应的直通波信号会消失或波幅有很大的减弱，见图 6-65。上表面裂纹较小时通常使用软件先去除直通波后再进行分析判断。

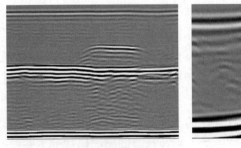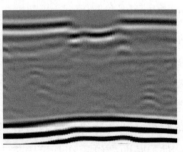

图 6-64　顶部平直的下表面裂纹　　图 6-65　顶部平直的上表面裂纹

（3）小裂纹。P91、P92 等材质在焊接时容易产生小裂纹，在数据分析时，应充分考虑焊接过程对缺陷性质的影响。对于怀疑的信号可使用脉冲回波法进行辅助定性。小裂纹在 D 扫描图像上显示与气孔相似，但上下端点均是衍射信号，信号波幅比气孔弱，见图 6-66。

4. 未熔合

坡口未熔合的典型特征是 D 扫描数据中上下尖端信号成像比较平直、干净，信号较强，波幅基本相当，变形横波图像比较清晰。坡口边缘未熔合在平行扫查 B 扫描图像中可以看到上下端点存在一定偏移，并出现在坡口位置。

层间未熔合的信号多为反射信号，信号较强波幅较大。

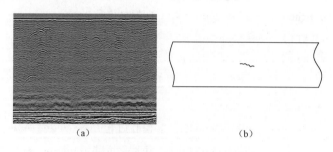

（a）　　　　　　　　　（b）

图 6-66　小裂纹数据与示意图
（a）P92 焊缝 D 扫描数据；（b）局部解剖裂纹示意图

5. 未焊透

未焊透在 D 扫描数据显示与未熔合基本一致，判断时应结合坡口形式和缺陷位置考虑。

内 容 索 引